食用菌生产技术研究与应用系列

猴头菇实用生产技术

丛书主编　张志军

编著　李凤美　张　扬　周永斌

天津出版传媒集团
天津科技翻译出版有限公司

图书在版编目(CIP)数据

猴头菇实用生产技术 / 李凤美，张扬，周永斌编著
.— 天津：天津科技翻译出版有限公司，2021.12
（食用菌生产技术研究与应用系列 / 张志军主编）
ISBN 978-7-5433-4165-4

Ⅰ.①猴… Ⅱ.①李… ②张… ③周… Ⅲ.①猴头菌科－蔬菜园艺 Ⅳ.①S646.2

中国版本图书馆 CIP 数据核字（2021）第 228669 号

猴头菇实用生产技术
HOUTOUGU SHIYONG SHENGCHAN JISHU

出　　版：天津科技翻译出版有限公司
出 版 人：刘子媛
地　　址：天津市南开区白堤路 244 号
邮政编码：300192
电　　话：022-87894896
传　　真：022-87895650
网　　址：www. tsttpc. com
印　　刷：天津新华印务有限公司
发　　行：全国新华书店
版本记录：880mm×1230mm　32 开本　5.75 印张　4 页彩插　170 千字
　　　　　2021 年 12 月第 1 版　2021 年 12 月第 1 次印刷
　　　　　定价：39.80 元

丛书编委会

前　言

猴头菇是中国八大“山珍”之一，自古就有“山珍猴头，海味燕窝”之说。猴头菇肉嫩味香，鲜美可口，营养丰富，色、香、味上乘。另外，猴头菇也是中国传统的贵重中药材，具有滋补健身、助消化、利五脏的功能。其含有多肽、多糖、脂肪和蛋白质等活性成分，对消化道肿瘤、胃溃疡和十二指肠溃疡、胃炎、腹胀等有一定疗效。明、清两代，猴头菇“物以稀为贵”，只有宫廷、王府才能享用，随着人们对猴头菇人工栽培的大面积推广，市面上供应的猴头菇增多了，这种山珍才渐渐走上人们的饭桌，并成为某些菜系的名食。近年来，猴头菇被大面积推广生产，在我国市场上还是比较受欢迎的，它的价格一直在持续上涨，吸引很多人想种植它。由于猴头菇质地娇嫩、表面毛刺易失水、抗性差、对环境要求特殊，极易出现畸形菇等问题，因此，有必要对猴头菇的栽培技术进行详细的说明和介绍。我们通过总结猴头菇的长期生产实践经验编写了此书，希望通过此书能为广大猴头菇生产者提供有益的参考。

本书共分为9章，采用通俗的语言表述形式，主要介绍猴头菇的生物学特性、生产栽培技术、菌种的选育与分离技术、生产栽培的主要模式、病虫害的防治、野生与人工栽培猴头菇的现状，猴头菇无公害、绿色、有机栽培生产标准，猴头菇液体发酵与活性成分以及猴头菇的保鲜与加工等。希望本书能够引导初学者入门，帮助技术人员、生产者掌握更多的知识，学会解决生产中出现或者可能出现的各种实际技术问题，不断提高猴头菇的制种、栽培管理、病虫害防治、保鲜加工等方面的技术水平，从而达到高产、优质、高效益的目的。

本书在编写过程中，得到了天津市食用菌技术工程中心、天津市农业科学院保鲜与加工技术研究所以及天津市食用菌协会各位专家、学者、领导的大力支持和帮助，同时参考了食用菌同行的相关文献，在此一并表示衷心的感谢！

由于编者水平有限，书中难免有错漏之处，敬请广大读者批评指正。

编者

2021 年 10 月

目录

第一章　猴头菇的生物学特性

（一）猴头菇的形态特征

猴头菇，又叫猴头菌、刺猬菌、花菜菌、山伏菌等。猴头菇由菌丝体和子实体两个部分组成。管状的细胞组成菌丝，直径为 10~12 μm，细胞间有横隔分枝，菌丝生长不均匀，呈白色至灰白色、微黄色，线绒状，短而稀疏，紧贴在培养基表面，不爬壁，气生菌丝粗、短、少，基内菌丝多；常不规则地形成索状物，并在其上形成小子实体原基，外观似小疙瘩，较老的菌丝形成节孢子，后期会分泌棕褐色色素，使斜面培养基呈茶色，颜色过深的基内菌丝活力下降而不宜使用；当菌丝呈线粒状时，很难继续生长。在综合 PDA 培养基上、黑暗恒温 25 ℃下培养，一般 14~20 天长满斜面，在酸性培养基上生长快、旺盛；若使用有麦芽糖的猴头菇专用培养基，菌丝生长会大大改善，菌丝长速大大加快且浓密洁白，不再形成菌索和原基[1]（图 1.1）。

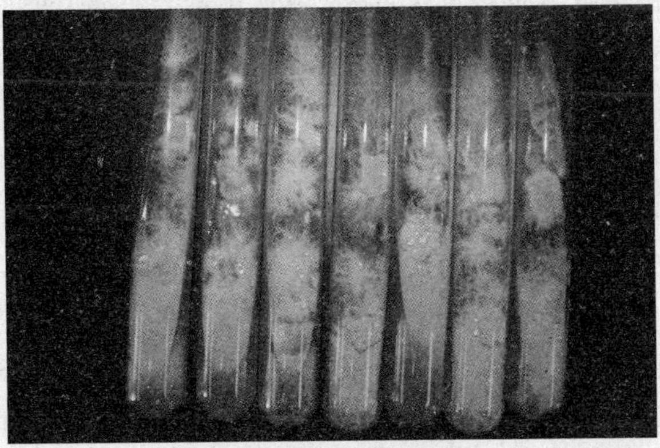

图 1.1　猴头菇试管母种

猴头菇的子实体圆而厚，肉质为白色块状，菌柄几乎没有，基部狭窄，上部膨大，密生菌刺覆盖整个子实体，菇形呈花椰菜状。子实体新鲜时为白色，缩水后呈浅黄色或者褐色，表面长有毛茸状肉刺，远远望去像金丝猴的猴头，所以叫作"猴头菇"。

（二）猴头菇的生活史

猴头菇的生活史与其他担子菌相似，需要经过担孢子、一次菌丝、二次菌丝、三次菌丝、担孢子等几个连续的发育阶段。猴头菇的担孢子为单核，是单倍体，有性的区别。担孢子在适宜的条件下萌发，长出单核单倍体菌丝，称为一次菌丝。一次菌丝在培养基斜面上生长得细而稀，在整个生活史中存在的时间很短。不同性的两条一次菌丝接触，两个细胞就会相互融合成双核菌丝，即二次菌丝。二次菌丝粗壮、生命力强，具有分裂和生长的能力。二次菌丝在猴头菇生活史中存在的时间最长。它在基质中生长一定时间后就达到生理成熟，遇到适宜条件即在基质表面纽结成团，形成子实体原基，然后长大成为子实体。子实体中组织化了的菌丝称为三次菌丝。三次菌丝呈假组织状，没有吸收水分和养分的功能，生理上与二次菌丝有所不同。随着子实体的长大，其上长出菌刺，在菌核上形成子实层，并长出担子。担子是由双核菌丝的顶端细胞发育而成的。先是原担子细胞内的两个细胞核融合成为一个二倍体的核（称为合子），即进行核配。合子进行一次减数分裂，形成 2 个单倍体的核，这两个核再分别进行一次有丝分裂，即形成 4 个单倍体的细胞核进入担子小梗的尖端，形成担孢子。

生活史可以粗分为两大阶段：营养菌丝生长阶段和生殖生长阶段。担孢子萌发→初生菌丝→次生菌丝→子实体原基→子实体→担孢子。从孢子萌发到产生次生菌丝为营养生长阶段，这个阶段主要是细胞数目的增加和体内养分的积累过程，就是我们常说的发菌期。从子实体原基形成到产生担孢子为生殖生长阶段，即我们常说的出菇阶段。

猴头菇是一种木腐食用菌。野生菌大多生长在深山密林中，喜欢生长在阔叶树干断面或树洞中，在平原和丘陵地区很少见到。在我国以东北大兴安岭、西北天山和阿尔泰山、西南横断山脉、西藏喜马拉雅山等林区多见。采集野生猴头菇的人发现它有一个非常奇特的生长规律：远程成对而生。也就是说，当你看到一棵树上有一只猴头菇，看清楚它的朝向后，往相对的方向仔细看，在不远处的树上必定还能找到另一只猴头菇，这个方法屡试不爽。

（三）猴头菇的营养价值

猴头菇是一种高蛋白、低脂肪、富含矿物质元素的食品，不饱和脂肪酸含量高。其含有的多肽和多糖类物质具有抗肿瘤及预防癌症的作用，还含有多种氨基酸和丰富的多糖体，助消化，能治疗多种消化系统疾病、提高机体的免疫力、延缓衰老。早在3000年前的商代，已经有人采摘猴头菇食用了。医学证实，猴头菇具有组织修复、增强细胞活力、抗癌、延年益寿和美容等药用功能。猴头菇肉嫩香醇、可食用，有"素中荤"之美称。其食法多样，有素炒、荤炒、清炖、红烧、蒸煮等，是极为难得的珍馐美味。猴头菇作为一种大型真菌，素有"山珍"之称，它含有16种氨基酸及多种维生素和矿物质。但是，在古代，由于猴头菇的"物以稀为贵"，只有宫廷、王府才能享用，随着人们对野生猴头菇的驯化和人工栽培的推广，市面上供应的猴头菇增多了，这种山珍渐渐进入人们的筵席，并成为某些菜系的名食材。

（四）猴头菇的生长发育条件

1. 营养条件

猴头菇是一种腐生菌，能利用木材作为碳源，其营养所需的碳源包括纤维素、淀粉、木质素、果胶、半纤维素、蔗糖、有机酸和醇类等多种有机物。猴头菇菌丝体能分解利用纤维素和木质素,转化为单糖再吸收利用。此外,菌丝还能分解有机物质中的蛋白质来获取氮素、矿物质、生长素及其他营养物。各种秸秆废渣等农副产品下脚料都可以作为人工栽培的原材料[2]。

(1)碳源

碳源能为猴头菇的生长提供营养和能量。碳素是合成氨基酸和碳水化合物的基本单元,猴头菇生长所需的碳素营养,约20%用于合成细胞物质,80%用于生产能量维系生命活动。猴头菇属于木腐菌,野生猴头菇通常生长在阔叶树的树干上,分解木质素、半纤维素、纤维素、淀粉等作为营养所需的碳源。麻栎、青冈栎、槲树、栓皮栎等阔叶树木的木屑比较适合猴头菇的生长发育,也是人工栽培猴头菇的优质碳源。玉米芯、棉籽壳、酒糟、甘蔗渣、高粱壳等农副产品下脚料,含有丰富的纤维素等碳水化合物,均可用来栽培猴头菇,一般以棉籽壳、玉米芯为主料,配合适当的辅料,能得到较高产量的猴头菇。

蔗糖、葡萄糖和有机酸类等碳源都能被猴头菇直接吸收利用。大分子化合物木质素、半纤维素、纤维素、果胶、淀粉等,需要通过猴头菌丝分泌的对应酶类,将大分子化合物分解成单糖类物质,加以吸收利用。葡萄糖和甘露糖是猴头菇菌丝体生长的最适宜碳源,其次是木糖、乳糖、麦芽糖、淀粉、蔗糖,再次是有机酸类[2]。

(2)氮源

猴头菇合成蛋白质和核酸离不开氮素类营养原料。氮源的数量决定了猴头菇菌丝体和子实体生长发育的优劣。母种培养基马铃薯葡萄糖琼脂中,如果增加0.5%的蛋白胨,则能促使菌丝浓密生长,使得基内菌丝增多,子实体早发生。反之,仅是马铃薯葡萄糖琼脂培养基,会导致菌丝纤细而稀疏,子实体发生迟缓[2]。

野生的猴头菇氮源主要来自自然界中有机氮化物的分解。猴头菇可以分解多种氮源,其中以有机氮最好。尿素、氨、氨基酸和硝酸盐等小分子化合物都能被猴头菇直接吸收利用。高分子化合物蛋白质等必须通过蛋白酶分解,转化成氨基酸后,才能被吸收利用。人工栽培猴头菇时,如果选用玉米芯、甘蔗渣、木屑等作为碳源,必须添加诸如棉籽饼、米糠、麦麸、豆饼、玉米粉等含氮量较高的有机氮源。某些物质,如菜籽饼,虽然蛋白质含量较高,但是含有对猴头菇生长不利的成分,不适合做氮素类原料。

酵母膏和蛋白胨是猴头菇菌丝体生长的最适宜氮源,豆饼粉次之,硫酸铵、硝态氮、尿素等无机氮源再次之。

猴头菇菌丝体和子实体的生长发育与环境中氮源的多少有很大的关系。通常情况下,菌丝体生长的最适氮源浓度为0.016%~0.064%。浓度增加,生长会受抑制。子实体形成的适宜氮源浓度为0.016%~0.033%,小于菌丝体生长的最适范围。子实体出菇阶段,出菇的前提是培养基中氮源浓度的降低。所以,氮源超过最适浓度时,子实体的生长受到抑制,产量减少;浓度更高时,子实体则停止生长。应具有合适的碳氮比例,菌丝营养生长阶段碳与氮的比例以20∶1为优,生殖阶段以(30~40):1为优。

(3)无机盐

猴头菇的生长发育过程中,钾、磷、钴、钙、钼、镁、铁、锌、铜等矿物质元素也是不可缺少的,这些物质构成细胞成分,作为酶的成分,维持酶的功能,起到调节细胞渗透压的作用。镁、磷、钙、钾、硫元素最为重要,特别是钙和磷。磷能够促进细胞分裂;钙能够促进子实体形成。适宜浓度的矿物质元素能增加猴头菇的生物量,因此,在人工栽培中常添加过磷酸钙、磷酸二氢钾、硫酸镁或石膏粉等作为主要的无机营养[2]。

(4)维生素

猴头菇的生长发育不可缺少维生素类特殊有机营养物的添加。维生素自身不能合成,而用量又比较少,包括维生素 B_1、维生素 B_2、氨基酸等。维生素会影响猴头菇的代谢反应,其本身是组成辅酶的单元,维生素一旦缺乏,酶就无法活动,物质代谢的正常运转会失调,造成机体不能正常生长发育。维生素 B_1 是重要的生长素,又名硫胺素。缺少维生素 B_1 的培养基,菌丝体就会生长缓慢,子实体的发生会受到抑制。严重缺乏时,生长则完全停止。通常培养料中的适宜浓度在 0.01~0.1 mg/L。马铃薯、米糠、麦麸中的维生素含量较多,以这些原料配制培养基,可以不用额外添加维生素。维生素多数不耐高温,在 120 ℃ 以上容易迅速分解[2]。

2. 栽培料配方

栽培猴头菇的原料极为广泛,如棉籽壳、木屑、玉米芯、豆秸、野草、酒糟等,适量加入麸皮、玉米粉等辅助原料,以适当的比例配合后,猴头菇能良好地生长。若在这些培养料中加入少量的磷、钾、镁等矿物质,生长得会更好。各地可根据当地的取材优势选择经济配方:

(1)木屑 78%,米糠或麦麸 200%,白糖和石膏各 1%。

(2)棉籽壳 90%,石膏和白糖各 1%。

(3)玉米芯或豆秸粉 80%,麦麸和白糖各 1%。

上述配方任选一种,充分混合,使含水量达 60%, pH 值为 4~6。选用低压聚乙烯或聚丙烯袋,最好使用塑料颈圈,以利于菇体生长。灭菌可用常压或高压,指标同常规。接种时,短袋从袋口接入;长袋从一侧打穴(5 穴,穴深 1.5 cm)接种、封口、套袋。培养室要求空气干燥,相对湿度 70%以下,通风良好, 22~25 ℃,黑暗或有较弱的散射光。注意:选用的材料要新鲜、无霉变、无虫蛀;拌料要均匀;装料要迅速,尽量在最短时间内进入灭菌处理阶段。

3. 栽培季节

根据猴头菌的生物学特性,选择适宜的栽培季节,其菌丝体生长适温为 25 ℃左右,养菌时间为 30~40 天,栽培一次可收 3 茬,约需 2

个月。各地可参照当地的气候条件合理安排生产时间，猴头菇菌丝体的最适宜温度为 24 ℃左右，子实体的适宜温度为 16~22 ℃。该菌对环境条件十分敏感，尤以子实体阶段对温度敏感。当气温高于 25 ℃或低于 12 ℃时均不能形成正常子实体，表现为无刺、发黄、丛生、畸形或变红，生长停止。北方栽培以 2 月或 9 月接种，3~4 月或 10~11 月出菇最好。南方春秋栽培可分别提前或推迟 20~30 天。实践证明，北方春栽不宜迟于 3 月中旬出菇，以免菇期遇 26 ℃以上高温导致减产，降低品质。秋栽若气温偏低（30 ℃以下），可尽量提前接种，以便在气温降至 12 ℃以下前结束出菇。

4. 温度

猴头菇属中温型菌类。菌丝体生长与子实体形成对温度的要求不同。

猴头菇是变温结实性真菌，猴头菇的菌丝体生长温度范围在 6~34 ℃，适宜生长温度为 24~26 ℃。温度低，菌丝浓密、粗壮、长势旺、洁白，菌苔厚，生命力强；温度高，菌丝稀疏、细弱，菌苔薄，一旦超过 35 ℃，菌丝则停止生长。猴头菇的菌丝体在 0~4 ℃低温下可保藏半年，转接后适宜温度培养，仍然可以旺盛生长。使用液状石蜡封存斜面后，在 0~4 ℃冰箱中保存 1 年，转接后仍然有较强的生命力。猴头菇子实体的分化温度为 6~24 ℃，最适宜温度为 16~20 ℃。温度低，球块大，紧实，菌刺短。当环境温度小于 12 ℃时，子实体则会呈橘红色；如果温度过低，子实体的发育形成变得缓慢，当温度低于 6 ℃时，子实体完全停止生长。温度高，子实体的球块小，松软，菌刺长，还会形成分枝状；温度过高，超过 25 ℃时，子实体不能形成。

猴头菇对环境温度的适应能力比较容易发生改变，在麦麸、甘蔗渣培养基上生长时，所用的培养原料疏松，通气性好，菌丝体容易分化形成子实体。反复使用该种培养基出菇，子实体的发生就会加速，对温度的适应范围变得广泛，使得亲本子实体形成的温度范围由

22 ℃改变成 6~28 ℃,出菇温度范围增加[2]。

5. 湿度

猴头菇的鲜菌丝体和鲜子实体中,水分含量可占 80%~90%,是主要成分。同时,水分又是猴头菇发育的重要因素。猴头菇细胞结构的所有生化反应都需要水分的参与完成。猴头菇营养物质的消化和运载,酶的分泌,木质素、纤维素等大分子化合物的吸收和消化都需要水分的参与才能进行。水分含量应该适宜,过多会阻碍培养基内的空气流通,导致菌丝呼吸困难而抑制生长,并且,水分过多会过度稀释细胞原生质的浓度,降低菌丝的抵抗力,并加速其衰老。

培养料和空气中的水蒸气为猴头菇的生长发育提供了所需的水分。培养基的物理性状会影响含水量的高低。采用木屑类较紧密的培养基,含水量以 55%~65%为适宜;采用棉籽壳、甘蔗渣等比较疏松的培养基,含水量以 65%~75%为适宜。猴头菇的生长与基质含水量的关系是:含水量较低,菌丝生长慢,细而密,不易衰老,细胞原生质浓,抗逆力强;含水量较高,菌丝生长快,较易衰老,细胞原生质稀,抗逆力差。

猴头菇的生长发育和空气湿度有很大的关系,栽培生产上通常用相对湿度表示。相对湿度是指在相同温度下,水汽压与饱和水汽压的百分比,其数值表示当时空气中的湿度达到饱和的程度。在不同的生长发育阶段,猴头菇对空气相对湿度的要求不同。

通常来说,在猴头菇菌丝体的生长发育阶段,发菌室内的空气相对湿度保持在 60%左右。如果湿度过高,则菌袋棉塞及瓶、袋盖纸易受潮生霉,或促使瓶、袋过早出菇,导致产量下降。如果湿度过低,则会造成培养基内的水分过量蒸发,影响菌丝生长。

子实体发生期间,出菇室内的空气相对湿度应该达到 85%~90%。在合适的湿度环境下,子实体迅速生长,菇体洁白。如果环境湿度低到 70%,猴头菇子实体表面没有诸如革质、角质或蜡质等组织的保护,是裸露状肉质块,因水分散失迅速导致颜色变黄,生长变慢或停止,菌刺变短,从而使得产量降低。尤其是幼嫩的子实体,湿度过低时留下永久性斑痕,不能恢复。相反,环境湿度大于 95%时,造成通气不良导致子实体畸形,形态上呈现菌刺粗、球块小、分枝状,畸形严重时,则不形成球块,担孢子大量产生,味苦,抗逆力大大降低,容易感染病害。而且湿度过高还会妨碍子实体正常进行蒸腾作用。细胞原生质流动和营养物质的输送主要依靠子实体的蒸腾作用来推动和促进[2]。

6. 空气

猴头菇属于好气性菌类, 正常生长必须在氧气充足的条件下进行。猴头菇生长发育过程中进行呼吸作用,吸收氧气,排出二氧化碳,产生能量,满足猴头菇生长发育的需要。而二氧化碳抑制呼吸作用,因而要控制猴头菇出菇室内空气中的二氧化碳浓度。二氧化碳浓度过高,猴头菇生长受抑制;二氧化碳浓度过低,虽然呼吸作用旺盛,生长迅速,但是菌丝易老化。

不同的生长发育阶段,猴头菇菌丝体和子实体对二氧化碳的耐受能力不同。在菌丝体生长期间,猴头菇能耐受较高的二氧化碳浓度,二氧化碳浓度在 0.3%~1%的空气中能正常生长。因此, 菌丝体在用棉塞封口的或包着牛皮纸的菌种瓶中生长良好。如果瓶口采用塑料薄膜包封通气不良, 菌丝开始还能生长, 菌丝体的生长速度随着二氧化碳浓度的提高逐渐减慢,菌丝细弱,最后完全停止生长。

猴头菇原基分化和子实体生长期间对二氧化碳极为敏感,通风不良或空气中二氧化碳含量高时,都有很大的影响。如果空气中二氧化碳的浓度超过 0.1%,会刺激菌柄不断分枝,菌刺扭曲,子实体菇柄拉长不易分化,球心发育不完整,导致形成畸形子实体。所以,猴头菇出菇室每天应定时通风换气, 补充新鲜空气,稀释、驱散过多的二氧化碳和其他代谢废气。而且,出菇期间,随着子实体长大,通风换气的次数也应随之增加。注意,通风时,风不能直接吹到菇体上,避免影响子实体正常生长。通常来说,在猴头菇子实体生长阶段,空气中二氧化碳的含量以不超过 0.1%为宜[2]。

7. 光照

猴头菇与其他绿色植物不同,菌丝体内没有叶绿素,无法进行光合作用。有光照或者黑暗无光条件下,猴头菇菌丝均能生长,在完全黑暗或光照强度在 7~25lx 的弱光下均能正常生长,并且生长速度接近。菌丝生长速度在较强的散射光线下会大大减慢,菌丝生长速度降低为黑暗条件下的 40%~60%。主要原因是蓝色光线对菌丝生长的影响较明显,而红色光线影响甚微。所以,在黑暗条件下最适宜菌丝体的培养,避光培养还可防止子实体原基过早发生。

猴头菇子实体原基分化的必要条件之一是需要一定的散射光线进行光线刺激。不论是猴头菇子实体的形成还是生长,通常有 50lx 的光量就可以使原基受刺激而形成。值得一提的是,蓝色光线虽然会抑制菌丝体的生长,却对子实体的原基分化特别有促进作用。蓝色光线不但会加速原基的分化,并且刺激原基的数量增多。猴头菇子实体正常生长的适宜光照强度为 200~400lx。光照强度如果超过 400lx,会引起猴头菇子实体表面失水干燥,颜色发黄,生长迟缓。子实体生长会受到直射光的抑制,所以出菇期间应该控制光照条件,避免阳光直射。

猴头菇的菌刺生长有明显的向地性。在子实体的生长过程中,须避免频繁地变换容器摆放的方向,否则会导致菌刺卷曲,形成畸形菇。这种畸形菇一旦发生,会造成担孢子不能自然弹射,使得子实体味道变苦,或在子实体上出现次生菌丝,降低商品价值[2]。

8. 酸碱度

猴头菇的生长与发育还受到培养料酸碱度的影响。目前人工经常栽培的几种食用菌中,属猴头菇所需的 pH 值最低,是一种喜好偏酸性环境的真菌。培养料的酸性环境，能够促使猴头菇较好地分解培养基中的有机物。

pH 值为 2.4~8.5 时，猴头菇的菌丝均能生长。pH 值为 5.5 左右时最为适宜，该环境下菌丝不但粗壮、浓密、生长好、整齐、洁白，而且有利于子实体原基形成和产量提高。pH 值低于 3 或者大于 7，会使菌丝生长不良，菌落呈不规则状。制备猴头菇的母种培养基时，可用苹果酸或柠檬酸进行酸化处理，使得菌丝生长良好。酸化处理的方法是，在无菌条件下，将马铃薯葡萄糖琼脂培养基灭菌，在凝固前，每管滴入已灭菌的 0.5%苹果酸或柠檬酸数滴。切记不能在灭菌前滴入，否则在酸性条件下，琼脂会被破坏，从而造成灭菌后不凝固。

值得一提的是，在配制原种、栽培种及生产用培养料时，应该将 pH 值适当调高至 5.5~7.0。由于培养料中某些物质成分经过高压或常压灭菌会变成酸性物质，导致 pH 值下降；而且猴头菇的菌丝在发菌生长时，其新陈代谢过程中也会产生一些有机酸，如醋酸、琥珀酸、草酸等，都会使得培养料的 pH 值降低。

实际生产中，大规模配制培养料制袋时，往往会添加 1%~1.5%的石膏粉或碳酸钙，其目的是提供猴头菇生长需要的钙、硫营养，并且能对培养料的酸碱度变化起缓冲或中和作用，为猴头菇菌丝的稳定生长提供最适酸碱度。

猴头菇培养料酸碱度的测定，用“广范试纸”即可。方法如下：用容器取少量配制好的培养料，取一条试纸，插入培养料中，2 秒钟后取出，与标准色板比较，即得 pH 值。如果 pH 值高了，逐步加入粉碎的过磷酸钙调低 pH 值；如果 pH 值低了，慢慢加石灰调高，直至调节适宜为止。

随着科技进步，计算机、信息化、网络通信技术的高速发展，现代农业中广泛应用了农业气象自动观测系统，能自动提供实时、动态、连续、客观和可靠的气象观测数据，对环境的温度、湿度，二氧化碳浓度，光照强度和太阳有效辐射等气象数据进行采集整理，直观反映猴头菇不同生长期的农业气象条件及其生长状况，为评估环境要素对猴头菇生长的影响和实现精准化管理提供科学依据[2]。

参考文献

[1] 王世东. 无公害农产品高效生产技术丛书——食用菌[M]. 北京：中国农业大学出版社，2005，240-241.

[2] 黄良水. 猴头菇生产加工与烹饪[M]. 北京：中国农业出版社，2017，16-22.

第二章　猴头菇生产栽培技术

(一)主要生产设备和设施

1. 原材料加工设备

(1)木材粉碎机

可将阔叶树或硬杂木的枝丫切片粉碎成粗木屑,做猴头菇的培养料。木材粉碎机具有耗能低、生产效率高、使用方便等优点。市场上木材粉碎机的型号种类很多,可根据实际生产需要进行购进。

(2)拌料机

拌料机能代替人工拌料,将原料混合均匀,大大降低劳动强度。有条件的农户可选用小型拌料机,提高拌料效率。

(3)装袋机

采用装袋机进行装袋,具有劳动强度小、装袋效率高等优点。装袋机型号很多,有单筒式、双筒式及冲压式,可根据实际需要进行选购(图 2.1)。

图 2.1　装袋机

2. 灭菌设备

(1)手提式高压灭菌锅

此种灭菌锅的容量较小,结构简单,使用方便,主要用于母种斜面培养基、无菌水等灭菌用,可用煤气炉、木炭或电炉做热源。灭菌时间短,经济实用。

(2)立式高压灭菌锅

采用电加热,容量为 30~100 L,灭菌效果好,常用于母种和小量原种培养基的灭菌。

(3)砖制土蒸锅

用砖砌成灶,灶上用砖和水泥砌成桶状或方形蒸汽室,底部为大铁锅。可从侧面开门,也可以从顶盖进出。门上附有放温度计的小孔,铁锅上沿设有进出水管。常用于原种和栽培种培养基的灭菌。每锅可容装 1200~1400 袋(瓶)不等。土蒸锅形式简单,制作简易,可以就地取材, 造价低廉,但杀菌时间较高压锅长。

(4)常压锅炉供气灭菌灶

由水箱、常压蒸汽锅炉、灭菌灶、排水管等组成,常用于原种和栽培种培养基的灭菌。蒸汽锅炉通过水暖管和灭菌灶相连,每个灭菌灶由单个球阀控制蒸汽进出。灭菌灶地面最好用水泥抹平,外围留有下水道以便冷凝水排出。在水泥地面上铺一层长 2 m、宽 2 m 的黏土砖,水暖管呈倒山字形,设置于灶面的中间位置,支管末端不封闭,同时管壁分散地钻几个孔,以利于蒸汽排放。菌棒码放于周转筐里,外面罩上双层棚膜,最外层用帆布包好,每一层都要用绳子勒紧,底四周也要压沙袋防止漏气。该灭菌灶灭菌数量大,适合规模化生产。

(5)高压灭菌柜

高压灭菌柜容量大,常用于原种和栽培种的灭菌,分为卧式和立式。卧式的有方形的和圆筒形的。圆筒形的又分为一头开门和两头开门的。如果生产规模较大,可选用卧式圆筒形两头开门的。这种高压锅在安装时一头朝向拌料装瓶区,一头连向冷却室,菌种经过灭菌后直接进入无菌区(图 2.2)。

图 2.2 高压灭菌器

3. 接种设备和设施

(1)接种室

接种室是进行菌种分离和接种的专用房间。此室的设置不宜与灭菌室和培养室距离过远,以免在搬运过程中造成杂菌污染。接种室外面设缓冲间,门不宜对开,最好安装移动门。接种室内的地面和墙壁要求光滑洁净,便于清洗消毒。室内和缓冲间装紫外线灯(波长 260 nm,功率 30 W)及日光灯各一盏。接种室具有操作方便、接种量大等优点,适宜大规模生产。

(2)接种箱

接种箱是一个由木材和玻璃制成的小箱子,实际上是一个缩小的接种室。接种箱内顶部装有紫外线杀菌灯和日光灯各一盏。箱体安装能启闭的玻璃窗，下方设有两个圆孔，两个圆孔上装 40 cm 长的布袖套或橡皮手套，双手由此伸入操作。箱的内外均用油漆涂刷。接种箱结构简单、制造容易、造价较低、移动方便，易于消毒灭菌。

(3)超净工作台

超净工作台是一种局部层流(平行流)装置，能够在局部形成洁净的工作环境。按其气流方向分为水平层流和垂直层流两种。使用超净工作台的好处是接种分离可靠、操作方便，尤其是在炎热的夏季，会使接种人员在工作时感到舒畅。使用时，工作台必须放在洁净的房间内，墙体平滑，地面干净，便于清洁。

(4)臭氧发生器

臭氧发生器有很强的氧化能力，其氧原子可以氧化真菌和细菌的细胞壁，达到灭菌效果，常用于接种室和发菌室空间的消毒。

4. 培养设备和设施

(1)电热恒温培养箱

主要用于母种试管斜面的培养，可以调节不同食用菌菌丝生长的温度，进行恒温培养。

(2)恒温培养室

培养室要求冬暖夏凉，能够调节室内温度，能避光，并装有换气用的排风扇。一般适用于原种和栽培种的培养。培养室墙壁要厚，并加贴隔热材料。门要求保温性、密封性好，地面用水泥抹平，要能隔潮。在培养室内放置培养架，培养架的规格根据房间大小搭建。培养室的两侧开通风地窗和排气孔，并装有扇门和防虫网。

(3)出菇温室

北方地区多采用塑料大棚做食用菌的出菇栽培，但在秋、冬、春也常用来培养菌棒。这种大棚具有很好的升温、保温效果，主要利用日光照射来提高棚内温度。一般棚的北面和东、西面为砖墙,顶部和南面为塑料薄膜,用镀锌钢管做拱架。在塑料薄膜上盖上编织好的草帘,将草帘用绳穿好便于收卷,白天卷起草帘,露出塑料薄膜,日光照射有利于棚内升温,晚上盖上草帘保温。也可用竹、木为支柱搭建简易菇棚,或用蔬菜塑料大棚在闲置期栽培食用菌。

(二)消毒与灭菌方法

消毒是应用物理和化学方法使需消毒的物品表面和孔隙内的绝大部分微生物致死,是一种不彻底的灭菌方法。经过消毒,许多细菌芽孢、真菌或霉菌的厚垣孢子等并不会完全死亡,它们仍能发芽;消毒后的环境里,物品上还会存活部分活着的微生物。灭菌是指用物理或化学方法,杀死物体表面和孔隙内的一切微生物或生物体,即把有生命的物质全部杀死(包括细菌芽孢等),如培养基的高压蒸汽灭菌,灭菌是绝对的。

1. 常用的消毒与灭菌方法

消毒与灭菌的方法很多,可分为物理方法和化学方法两大类。

物理方法:

(1)干热法

干热法是采用灼烧或干热空气灭菌的方法。

1)灼烧灭菌。将物体置于火焰上,直接烧死附于物体上的微生物。此方法的特点是操作简便、灭菌迅速彻底,但应用范围有限,仅适用于耐热或供毁灭废弃的物品,例如,接种针、接种环、试管口或三角瓶口,可通过酒精灯火焰灼烧灭菌。另外,被杂菌严重污染的菇体和物体废弃时,也可采用灼烧的方法。酒精灯用的酒精浓度以95%为宜,但因其浓度低,燃烧不良,热力不足,灼烧灭菌的效果较差。

2)干热空气灭菌。将需要灭菌的物品置于干燥箱中,加热到160~180 ℃,保持2~4小时,利用箱内的热空气杀死物体上的微生物。此法适用于玻璃器皿、金属用具等耐干热物品的灭菌，其优点是可以保持物品的干燥。但要注意的是，如果干热灭菌温度超过170 ℃，包裹试管和培养皿的报纸、棉塞会被烤焦，甚至有着火的危险。灭菌期间要特别注意关严干燥箱箱门，灭菌结束后，必须先降温，再打开箱门。

（2）湿热法

温热法是利用沸水、蒸汽杀死微生物的方法。实验证明，细胞原生质在含水量高的情况下更易变性凝固，而且蒸汽的穿透力强，在同样的温度下，湿热法的杀菌效果比干热法好。

1）巴斯德消毒法。即用较低的温度（60~70 ℃）杀死物品中的病原菌和大多数细菌营养体。此法适用于不耐高温物品的消毒。栽培双孢菇时常用的培养料发酵，就是利用这个原理杀死其中的有害微生物。

2）常压间歇灭菌法。利用流通的热蒸汽反复杀菌的方法。物品放在蒸锅或蒸笼内，加热至蒸汽上冒后，再继续蒸煮 15~20 分钟（根据不同的物品而定），以杀死其中的微生物营养细胞，然后冷却，并将灭菌物取出，置于室温下或 25~30 ℃的温箱中培养 24 小时，让其中的芽孢萌发成营养体，再放入蒸锅，以同样的方法加热灭菌。如此连续 3 次，即可杀死灭菌物的全部芽孢，达到灭菌的目的。此法由于无须加压，只要有普通的家庭用蒸笼即可，但操作需用时间长。间歇灭菌法常用于不耐高温物品的灭菌。

3）常压蒸汽灭菌法。即采用自然压力的蒸汽进行灭菌的方法。流通蒸汽的温度一般为 100 ℃，保持 12 小时以上，停火后再闷 12 小时，使物品中的微生物营养体和芽孢全部死亡，达到一次性灭菌的目的。此方法不仅可以灭菌，而且有利于培养料中的有机质达到部分分解的目的，该法操作方便，已被菇农广泛应用于制作原种、栽培种的培养基灭菌。

4)高压蒸汽灭菌。高压蒸汽灭菌利用密闭的蒸锅,使其中的蒸汽不外溢,压力不断上升,水的沸点不断提高,锅内温度也随之增加,杀灭细菌芽孢所需的时间大大缩短,是一种最有效的灭菌方法。高压蒸汽灭菌时间短,效果可靠,适用于一般培养基和一切耐高温物品的灭菌。

(3)紫外线灭菌

紫外线灭菌是利用辐射来灭菌的方法,它是用紫外线灯管进行的。紫外线的波长为200~300 nm时均有灭菌效果,其中以260 nm时杀菌能力最强。由于紫外线穿透物质的能力很差,所以只适用于空气和物体表面的灭菌,且距照射物以不超过1.2 m为宜。接种室和接种箱,常用紫外线灯作为空气和桌面的消毒。紫外线对人的眼黏膜及视神经有损伤作用,应避免直接在紫外灯下工作,更不能直视灯管。

化学方法:

(1)气态消毒法

指用加热、焚烧、氧化等方法,使化学药剂成为气体状态扩散到空中,杀死空气和物体表面的微生物。这种方法简便,只需把要消毒的空间关闭紧密即可。该法特别适合环境消毒以及不耐加热灭菌的器具、设备和设施的消毒。

(2)液态消毒法

将消毒剂按一定的比例直接投入待消毒灭菌的溶液,或先配制成一定浓度的药液,然后根据不同情况,采用擦拭、浸泡、涂抹或加入培养基等方法进行消毒或灭菌。该法常作为其他灭菌法的辅助措施,适合于皮肤、无菌器具和设备的消毒。

(3)常用化学消毒剂及使用方法

1)酒精(乙醇)。供酒精灯燃烧用的酒精浓度为95%,而浓度为

75%的酒精主要用于手、接种器和分离材料的表面消毒。

2)甲醛。一般配成37%~40%的溶液即福尔马林,用于接种室或接种箱的熏蒸和喷雾消毒。

3)石炭酸。也叫苯酚,常用3%的水溶液进行接种箱和接种室的喷雾消毒,或配成0.5%~1%的溶液,用于洗涮器皿、桌面和工作服。

4)漂白粉。常用10 g漂白粉加水140 mL,静止1~2小时后,取上清液,用于培养室,包括床架、地板、墙壁、用具等的喷雾消毒。

5)新洁尔灭。常用浓度为0.1%~0.5%的溶液进行皮肤和不耐热物品的消毒,也可用于接种箱和无菌室的喷雾消毒。

6)来苏儿。含煤酚皂47%~53%,常用3%的溶液喷雾消毒,也可以1%~2%的浓度用于手及物体表面消毒。

2. 消毒与灭菌在实际生产中的应用

(1)接种室与接种箱的消毒灭菌

1)紫外线照射。接种前,将所需器具放入接种室(箱),打开紫外线灯进行灭菌。一般紫外线照射30~40分钟即可达到灭菌效果,如果接种室的体积较大,应适当延长照射时间。使用时注意,由于细菌经紫外线照射后,随即给予可见光照射,部分细菌有可能复活(称光复活现象)。因此,经紫外线照射的空间,关闭紫外线灯后最好再挂上黑窗帘(接种箱罩黑布)遮光半小时,以提高杀菌效果。

紫外线照射时,工作人员要离开室内(避免肉眼观看紫外线灯),以防辐射影响身体健康。紫外线消毒对真菌杀伤力差,穿透能力弱。

2)福尔马林熏蒸。每立方米空间一般要用10 mL福尔马林原液、高锰酸钾7 g。先密闭门窗,量取相应的高锰酸钾置于玻璃、陶质或金属容器中,然后倒入福尔马林,操作者随即离开接种室,熏蒸12小时即能达到消毒灭菌的目的。也可直接用酒精灯加热福尔马林原液,使其蒸发进行熏蒸。无论哪一种方法熏蒸,都应隔天才能接种。接种前先喷氨水,每立方米空间喷25%~28%的氨水38 mL,驱除残气,因为氨与福尔马林残气结合产生白色的阿托品,喷雾 30 分钟后即可使用。

福尔马林熏蒸杀菌力强,范围广,性质稳定,耐贮存,受有机物影响小。但福尔马林有一定的毒性和刺激气味,受温度影响大。

3)石炭酸喷雾。接种室在接种前,用 1% 石炭酸溶液浸湿揩布,将接种室(箱)门窗、桌、凳及地面擦拭一遍,再用 3%石炭酸溶液进行喷雾,以促使空气中的微粒和杂菌附着沉降,防止微尘飞扬,同时也起杀菌作用。

石炭酸喷雾操作简易、性质稳定,但对皮肤有一定的刺激性,只能用作消毒剂。

4)漂白粉喷洒。接种室空间可喷洒漂白粉上清液进行消毒,将 10 g 漂白粉加水 140 mL 过滤后使用,也可静置后用其上清液,喷雾用量为 1~1.5 mL/m^3 空间。接种室的工作台、接种工具和培养室的培养架等,可用漂白粉上清液擦抹消毒。漂白粉稳定性差,应随配随用。

(2)玻璃器皿的灭菌

玻璃器皿一般采用干热灭菌,烘干箱加热到 160 ℃,保持 2 小时。玻璃器皿灭菌前的准备工作有如下几方面:

1)培养皿。洗净后烘干或晾干,然后按每 5~7 套用牛皮纸或报纸包好,也可装在灭菌桶里,即可灭菌。

2)试管和三角瓶。洗净后,烘干或晾干。灭菌前,要在管口和瓶口加上棉塞,再用报纸包好。

3)移液管和滴管。洗净后,烘干或晾干。在口吸的一端用尖头镊子或针塞入少许脱脂棉花,以防菌体吸入口中。塞好后,用酒精灯火焰将露在管口外的棉花烧掉,然后用 4~5 cm 宽的报纸条,以 45°角螺旋形将每根移液管分别卷好,两端不可外露,再根据需要将若干支扎成一束,即可灭菌。使用时,可从移液管中间拧断纸条抽取。滴管灭菌前的包装与移液管相同。

(3)培养料的灭菌

母种斜面培养基一般采用高压蒸汽灭菌,灭菌温度为 121 ℃,保持 30 分钟。原种和栽培种的培养料可用高压灭菌,压力为 1.5 kg/cm^2,保持 2~2.5 小时;或用常压灭菌, 100 ℃,保持 12 小时以上,停火后,再闷 12 小时。

3. 消毒与灭菌效果的检验

(1)培养基灭菌效果的检查

培养基灭菌后,从锅内的不同位置,每处抽取数管(瓶),标上记号,置于 25~30 ℃培养一周左右进行检查。如果培养基没有什么变化,说明灭菌效果良好;如果某一位置的培养基出现了杂菌菌落,可能是摆放得太紧、导致蒸汽不畅等原因所致,再根据情况进行改进;如果大部分或全部菌种瓶都出现杂菌,说明灭菌温度或灭菌时间不够, 应增大压力或延长灭菌时间。

(2)接种室(箱)灭菌效果的检验

接种室或接种箱用消毒剂进行消毒灭菌,其效果受药剂的浓度、作用时间长短等因素影响,所以应定期检测灭菌效果。常用的检查方法有平板法和斜面法两种。

1)平板法。用常规培养基,如肉汤琼脂、马铃薯葡萄糖琼脂等,倒入培养皿形成平板,取两个平板放入接种室或接种箱。检验时,按无菌操作将其中一个平板的盖子打开,经过预定时间再盖好,另外一个不开盖子作为对照。然后一起放在 30 ℃下培养 48 小时,结束后检查有无菌落出现。

2)斜面法。将以上的常规培养基倒入试管摆斜面,取两管,放入接种室或接种箱。按无菌操作各将其中一管棉塞打开,把棉塞放入灭菌的培养皿,经过一定时间再将棉塞塞好;另一管棉塞不打开作为对照。然后一起放入 30 ℃培养皿培养 48 小时后,检查有无菌落出现。

检验用的平板或斜面在 30 ℃ 下培养 48 小时后,取出观察。根据是否长菌落和菌落的数量、形态,来判断空气污染的程度和杂菌的种类。一般要求平板开盖 5 分钟不超过 3 个菌落,斜面开塞 30 分钟不长菌落。若长出的菌落超过这个要求,应考虑采取有效措施增强灭菌效果或改进操作方法。若菌落中霉菌较多,则可采用乳酸和福尔马林交替熏蒸的办法。

(三)菌种生产技术

菌种是猴头菇生产的首要条件,菌种性状的优劣直接影响生产的成败。根据菌种的来源、繁殖代数及生产目的,猴头菇菌种分为母种、原种和栽培种。母种通过孢子分离或组织分离等方法得到的纯菌种又称一级菌种,母种既可繁殖原种,又适于菌种保藏。原种将一级种在无菌的条件下移接到木屑、棉籽壳或谷粒等固体培养基上培养的菌种,又称二级菌种,原种主要用于菌种的扩大培养,有时也可以直接出菇。栽培种指将二级种转接到相同或相似的培养基上进行扩大培育,用于栽培的菌种又称三级菌种。

1. 母种生产技术

(1)母种培养基常用配方及制备方法

1)马铃薯葡萄糖琼脂培养基(PDA 培养基)。马铃薯(去皮)200 g,葡萄糖 20 g,琼脂 20 g,水 1000 mL,pH 值自然。

2)马铃薯蔗糖琼脂培养基(PSA 培养基)。马铃薯(去皮)200 g,蔗糖 20 g,琼脂 20 g,水 1000 mL,pH 值自然。

其具体制作方法是:将马铃薯 200 g 去皮,去芽眼后,切片放入锅中,加入 1000 mL 水,煮沸 20~30 分钟至马铃薯软而不烂时,用 6~8 层纱布过滤,取滤汁于锅中,补水至 1000 mL,加入琼脂溶解,再加入糖搅拌均匀,趁热分装于试管中。

3）马铃薯半合成培养基。马铃薯（去皮）200 g，葡萄糖 20 g，磷酸二氢钾 3 g，硫酸镁 1.5 g，维生素 $B_1$100 mg，琼脂 20 g，水 1000 mL，pH 值为 5.8~6.2。

4）合成培养基。蛋白胨 2 g，葡萄糖 20 g，磷酸氢二钾 1 g，硝酸铵 1 g，磷酸二氢钾 0.46 g，硫酸镁 0.5 g，琼脂 20 g，水 1000 mL。

5）蛋白胨葡萄糖培养基。蛋白胨 10 g，葡萄糖 10 g，琼脂 20 g，水 1000 mL，pH 值为 5。

6）棉籽壳汁培养基。新鲜棉籽壳 250 g，葡萄糖 20 g，琼脂 20 g，水 1000 mL。取棉籽壳煮汁 1000 mL，加入其他营养成分即成。

7）米粉培养基。大米粉 50 g，葡萄糖 15 g，蔗糖 15 g，琼脂 20 g，水 1000 mL，pH 值自然。

8）玉米粉汁培养基。玉米粉 40 g，蔗糖 10 g，琼脂 20 g，水 1000 mL。将玉米粉放入锅内，加水煮至 70 ℃，保持 60 分钟，用纱布过滤，取滤汁 1000 mL 放入锅内，先后加入琼脂和糖溶解即成。

9）马铃薯淀粉培养基。马铃薯淀粉 40 g，葡萄糖 10 g，蛋白胨 5 g，磷酸二氢钾 0.5 g，氯化钠 5 g，琼脂 20 g，水 1000 mL。

（2）母种培养基的分装和灭菌

分装母种培养基常用的试管为 20 mm × 200 mm 或 18 mm × 180 mm，漏斗直径为 10~15 cm。把漏斗固定在漏斗架上，下端接 10 cm 的乳胶管，将止水夹夹在乳胶管的下半部。将培养基配制好后，趁热倒入漏斗，打开止水夹，让培养基液顺管流入试管。装入量为试管总长的 1/5~1/4，装好后随即关闭止水夹。一般 1000 mL 培养基可做试管斜面 120 支左右。将分装的试管，再塞上大小均匀、松紧适中的棉塞。棉塞总长为 4~5 cm，一般要求 3/5 塞入管内，其余 2/5 露在管外。最后，把塞好棉塞的试管每 7~10 支扎成一把，用牛皮纸包住绳扎紧，放入高压灭菌锅，121 ℃ 灭菌 30 分钟，趁热摆好斜面，一般斜面长度达试管全长的 1/2 为宜。最后，把斜面培养基放在

25 ℃ 的条件下，空白培养 1~2 天，检查确无污染杂菌，便可使用。

（3）母种培养基的接种和培养

接种前接种室、接种箱、超净台都应打扫干净，接种室或接种箱提前用消毒剂熏蒸灭菌，超净台提前开启紫外灯照射 30 分钟，台面用 75%酒精擦拭，接种工具、酒精灯等物有序地放置好。接种人员用肥皂洗手，再用 75%酒精棉球擦手。

接种操作：左手持菌种管和斜面管，两支试管口横向于火焰上方。右手持接种环，并将其在灯焰上干热灭菌，用小指及无名指拔掉棉塞，使棉塞底部朝外。接种环冷却后伸入菌种管，取豆粒大、带有培养基的菌种块，迅速移入斜面培养基的中部，菌丝朝上。然后，将棉塞在火焰上烧一下，立即塞入试管口，旋紧棉塞。接种环不要触碰管口及管壁。接种后的试管应立即贴标签，注明菌种名称及接种日期，再进行适温培养。

接种期间如果遇到碰倒了点燃的酒精灯，火焰蔓延，要用湿布扑灭，千万不要用嘴吹，以免火势蔓延（图 2.3）。

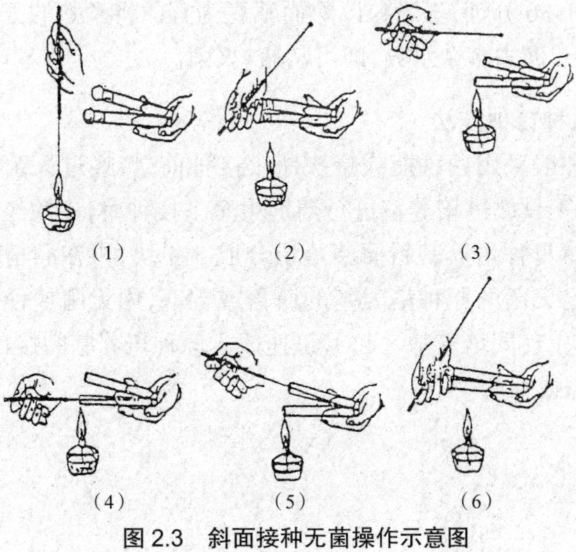

图 2.3　斜面接种无菌操作示意图

2. 原种生产技术

（1）原种培养料配方

1）小麦或燕麦98%，碳酸钙或石膏粉2%。

2）小麦93%，碳酸钙或石膏粉2%，木屑5%。

先将小麦过筛，除去杂物，再放入清水浸泡，使其吸足水分，浸水时间因气温而异，一般4~5月浸24小时，6~9月浸16小时，至麦粒露白发芽；捞出并用清水冲洗数次，沥干后置于沸水锅中煮沸，3~5分钟后捞出，此时麦芽膨大而无破裂。入清水冷至常温，沥去多余水分，即可与碳酸钙等辅料拌匀，装瓶（袋）、灭菌。

3）稻谷50%，棉籽壳40%，麸皮8%，石膏粉2%。

选择颗粒饱满的稻谷，先在冷水中浸泡2~3小时，再置于沸水中煮20~30分钟，见大部分谷粒稍有开裂时（不可煮糊）起锅，沥干后拌入辅料即可装瓶（袋）。

4）玉米粒70%，阔叶树木屑25%，麸皮4%，石膏粉1%。

先将玉米粒置0.2%多菌灵水溶液中浸泡约4~5小时，捞起冲洗后，再煮20~30分钟，玉米粒以熟而不烂为宜。将煮熟的玉米粒起锅后铺在筛上，沥去多余水分，即可装瓶、灭菌。

（2）原种接种方法

原种一般采用菌种瓶或罐头瓶。接种前，将经过灭菌的原种培养基、接种工具放进培养室进行药剂熏蒸。接种时，先用经火焰灭菌的接种刀将母种培养基斜面菌落切分成5~7块，再在酒精灯的火焰上方打开已灭菌的原种培养基的瓶盖或棉塞，用无菌接种铲取一块母种菌丝块（连同培养基一起），迅速放入原种培养基的接种穴口，迅速盖好瓶盖或棉塞。

3. 栽培种生产技术

(1)栽培基料配方

猴头菇是一种木腐菌,能将木质素、纤维素、半纤维素等高分子糖类物质分解为简单的葡萄糖后吸收利用。用于栽培的材料有木屑、木薯渣、甘蔗渣、棉籽壳、甘薯粉、玉米芯及酒糟等,其中以酒渣和棉籽壳为主的培养料栽培猴头菇产量最高。辅料中可添加麦麸、米糠、蔗糖等营养成分较高的物质,酒渣以 50%为宜,木屑以 60%~65%为宜,棉籽壳、甘蔗渣以 70%为宜。猴头菇喜欢偏酸性环境,因此,在栽培袋制作时不要加石灰。

常用的高产栽培配方:

1)棉籽壳 64%,玉米芯 20%,麸皮 15%,石膏 1%,含水量 63%~65%,pH 值为 6.5~7.5。

2)棉籽壳 60%,杂木屑 20%,麸皮 15%,玉米粉 4%,石膏粉 1%,含水量 63%~65%,pH 值为 6.5~7.5。

3)棉籽壳 90%,糠麸 6%,糖 2%,石灰 1%,石膏 1%,含水量 60%~65%,pH 值为 5.5~6.0。

此外,稻草、麦秆、玉米芯粉都可以代替木屑使用。上述培养料加水至含水量为 65%~70%,调节 pH 值为 5~6。

(2)装瓶(袋)与灭菌接种管理

袋栽:拌料后及时装入菌袋,尽量做到当日装袋、当日灭菌。一般选择耐高温规格为 17 cm × 33 cm 的聚丙烯装袋。装袋时用力均匀,不易过紧或过松、菌料与袋口距 5 cm 为宜。用封口绳扎紧袋口,送入灭菌室呈"丁"字形堆放,关好阀门,常压灭菌 24 小时左右,注意灭菌彻底。灭菌结束后待温度自然下降,至室温取出,菌包经转运车送入接种室进行接种,接种量为刚好铺满菌料一层为宜。

瓶栽:采用口径为 3 cm、容积为 750 mL 的普通菌种瓶,装瓶不能装得太浅,否则会在瓶颈以下形成长柄猴头菇,使食用部分的比例下降。猴头菇只有裸露在空气中才能得到形态正常的子实体,并获得高产,所以培养料要装至瓶颈以上、距瓶口 2~2.5 cm 处。将培养料压平后,在中部打孔,直达瓶身中下部,用双层牛皮纸封口。

灭菌和接种:培养料经高压或常压灭菌后,冷却至 30 ℃以下,在无菌室接种,每瓶接种蚕豆大的菌种一块。每瓶原种可接 40~50 瓶。猴头菇原基分化较早,有时菌丝刚长满 1/4 培养料就能够现蕾。为使菌丝发菌快,最好采用两点接种法,即先将一小块菌种沿事先打好的接种穴送入培养料底部,然后,将另一块较大的菌种固定在接种孔上,以便上下同时发菌。

猴头菇发菌期间经常会出现菌丝还没长满袋、袋口就已经有原基分化的现象。为了防止这种现象出现,可采用打穴接种,即在装袋灭菌前,在菌袋中央插入一根杵形塑料棒,接种时将其拔出,将菌种接入穴中,这样保证发菌快速、均匀,避免早现原基。

4. 菌种生产中的注意事项及常见问题

(1)母种制作及使用的注意事项

1)配制或盛装母种培养基的容器,通常使用不锈钢、搪瓷缸或铝锅,不要使用铁锅和铜锅,防止铁锈、铜锈混入培养基,导致铁、铜过量,引起毒害作用。

2)制备好的培养基,使用前一定要做无菌检查,方法是将其置于 25 ℃左右的恒温箱内培养 24 小时,验证无菌后,才能使用。

3)应及时用完制备好的培养基,不宜久存,避免其营养价值降低或成分上发生变化。

4)制备操作过程中,严格遵守无菌操作规程,同一时间接种几种不同的菌种应标注好标签,包括菌种名称(或编号)、转管次数和接种日期,严防混淆。

5)试管母种转管的一般以 5~6 次为宜,次数不能过多,通常不能超过 10 次,因为在接种过程中会因为移植时的机械损伤和培养条件的变化，削弱菌丝活力，造成遗传性状变异，降低出菇率。所以，在引种时的第一次转管，可以较多数量地扩繁转接，采用不同的方法保藏，然后按计划使用。

6）一定不要使用无标记或判断不准的菌种，以防造成生产的大量损失。

7）干缩或老化的母种培养基会影响菌种成活率，或导致生产性状退化，尽量不要使用。对于长期保藏的菌种，使用前应放置在恒温箱中活化培养 1~3 天，逐步提高培养温度。如果转接母种已在冰箱中保存超过 3 个月，为提高接种成功率和萌发速度，最好转管培养一次再用。

8）长期保藏的母种试管，应定期认真检查是否有污染现象。假如斜面上呈现明显的绿色、黑色、黄色等菌落，则说明已被霉菌污染；在向光处从培养基背面观察斜面，如果气生菌丝下面有黄褐色圆点或不规则斑块，说明有细菌污染；被污染的菌种绝不能用于扩大生产。

9）如果转接后的母种菌种块在新的培养基试管斜面上迟迟不萌发或不吃料，原因大致有以下几方面：菌种在 0 ℃及以下温度保藏，菌丝早已冻死或失去活力；菌种菌龄过老，生活力衰弱；接种操作时，母种块可能已被接种铲、酒精灯火焰烫死；母种块接种后没有贴紧原种培养基，菌丝萌发后缺乏营养死亡；接种块太小、太薄干燥而死；母种培养基过干，菌丝无法活化，或原种培养料偏干，菌丝无法吃料生长；培养料配比不当，或瓶（袋）内有氨气及其他不良气体，酸碱度不宜；菌袋接种前冷却不彻底，或培养温度过高等[1]。

（2）原种和栽培种制作的注意事项

1）装好料的菌瓶（袋）应及时灭菌。培养料装完瓶（袋）后，应立即灭菌。严禁放置过夜，特别是在高温季节，以免由于杂菌微生物的侵染作用而导致培养料酸败，危害菌丝生长。

2)培养料含水量。猴头菌菌丝体的发菌生长与培养料的含水量有关,适宜的含水量能够促使菌丝健壮旺盛生长,一般要求培养料的含水量为60%~65%。检测方法是:用手紧握培养料,以手指缝中有水外渗、往下滴1~2滴为宜,没有水渗为过干,有水滴连续淌下为过湿,过干或过湿均会对菌丝生长不利。

3)培养料的pH值。猴头菌正常生长发育需要偏酸性环境,一般pH值为4~6。通常灭菌会使培养基的pH值下降0.2~0.4,所以,灭菌前的pH值应比指定的略高些。

4)检查菌种的生活力和纯度。有明显霉菌及杂菌侵入的菌种内或棉塞上会形成拮抗线、湿斑,培养基干缩或在瓶壁上有大量黄褐色分泌物,培养基内菌丝生长稀疏,大多是细线状菌索,没有标签的可疑菌种绝不能用于菌种生产。

5)长满菌瓶的菌种应及时使用。一般来说,原种菌种长满瓶后7~8天,最适于扩转栽培种。如果来不及使用,应将其放在凉爽、干燥、清洁的室内避光保藏。在10 ℃以下低温保藏时,原种不能超过3个月,栽培种不能超过2个月[1]。

(3)接种物菌丝生长不良的原因

1)接种物菌丝萌发不正常

接种后的菌丝会出现某些不正常的现象,如菌丝不萌发或萌发缓慢;或者萌发出的菌丝纤细无力,扩展缓慢。可以按照如下思路分析原因,找出解决办法:培养温度→培养基含水量→培养基原料质量→灭菌规程及效果→母种。以上几个方面的因素,必定是造成接种物不萌发,或萌发缓慢、扩展缓慢的原因,或者可能是多种因子共同影响。①培养温度过高,造成接种物不萌发、生长迟缓、萌发迟缓。②含水量过低。尽管拌料时加水量充足,可能拌料不均匀,造成培养基的含水量存在差异,含水量过低的菌种瓶(袋)接种物常干枯而死。如果发生这种情况,及早补水尚可挽救。③母种菌龄过长。母种长满斜面后 1~5 天是最佳的菌龄使用时间。进行菌种扩繁生产,应选择菌龄适当的母种,做好农时的周密安排,在计划合理安排的情况下,母种和原种生产的紧密衔接是完全可行的。如果母种长满斜面后一周内不能使用,要及早置于 4~6 ℃下保存。④灭菌不彻底。培养基内留有大量细菌,而不是真菌。培养基中残留和继续繁殖增加的细菌,多数情况下无肉眼可见的菌落,有时在含水量过大的瓶(袋)壁上、在培养基的颗粒间可见到灰白色的菌膜。这一原因可通过培养基的分离培养得到证实。⑤培养基原料霉变。正处于霉变期的原料中有大量有害物质,这些物质耐热性极强,在高温下不易分解变性,甚至在高压高温灭菌后仍保留其毒性,接种后,菌种不萌发。

2)发菌不良

发菌不良的表现多种多样,常见的有生长缓慢、生长过快但菌丝纤细稀疏、生长不均匀、菌丝不饱满、色泽灰暗等。造成发菌不良的原因主要有:①培养基酸碱度不适,可将发菌不良的菌种瓶(袋)的培养基挖出,用 pH 值试纸测试;②原料中混有毒害物质,如松、杉、柏、樟、桉等树种的木屑,原料有过霉变,有霉菌毒素;③灭菌不彻底,培养基中生长有肉眼看不见的细菌等;④装料松紧不妥当,装料过紧,水分过少,透气性过差;⑤温度和湿度过高,培养室温度和湿度过高,空气流通交换不够;⑥培养基含水量过大,装得过紧,这种情况下,往往长至瓶(袋)中下部后,菌丝生长变缓,甚至不再生长[1]。

(4)杂菌污染的原因分析及综合控制

在正常情况下,原种、栽培种或栽培袋的污染率在 10%以下,各个环节和操作规范者常只有 1%~5%。如果超出这一范围,则应该认真查找原因并施以控制措施。

1)灭菌不彻底

这一原因导致污染发生的特点是污染率高、发生早,污染出现的部位不规则,培养物的上、中、下各部均出现杂菌。这种污染常在培养3~5天后即可出现。影响灭菌效果的主要因素有：

①培养基的原料性质。不同材料的导热性不同，微生物基数不同，灭菌所需时间也不同。因此，灭菌时要根据培养基的不同掌握灭菌时间。②从培养基原料的营养成分上说，糖、脂肪和蛋白质含量越高，传热性越差，对微生物有一定的保护作用，灭菌需时相对要长。从培养基的自然微生物基数上看，微生物基数越高，灭菌需时越长。③培养基的含水量和均匀度。水的热传导性能较木屑、粪草、谷粒等的固体培养基要强得多，如果培养基配制时预湿均匀，吸透水，含水量适宜，灭菌过程中达到灭菌温度需时短，灭菌就容易彻底。④容器玻璃瓶较塑料袋热传导慢，在使用相同培养基、相同灭菌方法时，瓶装种灭菌时间要较塑料袋稍长。⑤灭菌方法。相比较而言，高压灭菌可用于各种培养基的灭菌，而常压灭菌对于灭菌难度较大的粪草种和谷粒种达到完全灭菌效果就很不容易。目前技术发达的日本、美国等专业菌种场已采用超高温瞬时灭菌技术。高压灭菌的关键是要将冷气排放干净。常压灭菌要注意，在砌灶时，锅体与灭菌室的相对位置要合理。锅小、锅口小、水少、蒸汽不足、火力不足，常是常压灭菌不彻底的主要原因。⑥灭菌容量和堆放方式。以蒸汽锅炉送入蒸汽的高压灭菌锅，要注意锅炉汽化量与锅体容积相匹配，自带蒸汽发生器的高压灭菌锅，以每次容量200~500瓶（750 mL）为宜。常压灭菌灶以每次容量不超过1000瓶（750 mL）为宜，这样，可使培养基升温快而均匀，培养基中的自然微生物繁殖时间短，灭菌效果更好。应随容量的增大而延长灭菌时间。锅内被灭菌物品的堆放形式对灭菌效果影响显著，如以塑料袋为容器，则受热后变软，如装料不紧、叠压堆放，极易把升温前留有的间隙充满，不利于蒸汽的流通和升温，影响灭菌效果。塑料袋摆放时，应以叠放3~4层为度，不可无限叠压，锅大时要使用搁板或铁筐。

2）封盖不严。主要出现在用罐头瓶作为容器的菌种中，在用塑料袋作为容器的折角处也时有发生。聚丙烯塑料经高温灭菌后比较脆,如在搬运过程中遇到摩擦,紧贴瓶口处或有折角处极易磨破,形成肉眼不易看到的沙眼。

3)接种物带杂菌。如果接种物本身就已被污染,扩大到新的培养基上必然出现成批量的污染,如一支污染过的母种造成扩大的4~6瓶原种全部污染,一瓶污染过的原种造成扩大的30~50瓶栽培种的污染。这种污染的特点是杂菌从菌种块上长出,污染的杂菌种类比较一致,且出现早,接种后3~5天内就可用肉眼鉴别。

4)设备设施过于简陋引起灭菌后无菌状态的改变。本来经灭菌的种瓶或种袋已经达到了无菌状态,但由于灭菌后的冷却和接种环境达不到高度洁净无菌,特别是简易菌种场和自制菌种的菇农,达不到流水线作业专场专用,生产设备和生产环节分散,又往往忽略场地的大环境卫生,忽视冷却场地的洁净度,使本已无菌的种瓶或种袋在冷却过程中就被污染。在冷却过程中,随着温度的降低,瓶内、袋内气压降低,如果冷却室灰尘过多,杂菌孢子基数过大,杂菌孢子就很自然地落到了种瓶或种袋的表面,而且随其内外气压的动态平衡向瓶、袋内移动,当棉塞受潮后,就更容易先在棉塞上定植,或等待接种操作时碰触沉落进入瓶内或袋内。另外,种瓶或种袋外附有较多的灰尘和杂菌孢子,也能成为接种操作污染的污染源。故提倡专业生产、规模生产、规范生产[1]。

(5)接种操作污染

接种口处容易发生接种操作污染,呈分散点,发生时间比其他类别污染要稍微晚一些,通常在接种后7天左右出现。分析可能的污染源,是在操作过程中接种室内部的空气带有杂菌,或者菌种瓶、菌种袋在冷却过程中,附在表面的空气里夹有杂菌,操作人员接种操作规程不严格等,这些都是造成接种操作污染的原因。因此,在接种操作过程中应注意以下技术环节来减少污染:

1)灭菌摆放时,棉塞向上,用牛皮纸包扎。棉塞不能打湿,也不能贴触锅壁。灭菌结束后，不可强制冷却，要自然冷却，冷却至一定程度后，再掀开锅门，利用锅内的余热来把棉塞上的水汽蒸发掉。

2）冷却过程保持洁净，菌种场要规范化，冷却室使用前可用紫外线灯和喷雾相结合进行空气消毒。冷却室地面干净无尘，空气中不能有可见的尘土，接种操作区域高度无菌，灭菌后的菌种瓶和菌种袋不能直接放在有尘土的地面上冷却。

3）接种箱满足密闭消毒条件，灭菌前，处理干净后，将被接种物、菌种、工具等清洁干净后放入，接种前 30~50 分钟用气雾消毒法、臭氧发生器等方法进行消毒。接种室墙壁要光滑、地面要洁净、封闭要严密，接种室和接种箱使用前必须严格消毒，接种前一天将被接种物、菌种、工具等处理后放入，先用来苏水喷雾，再进行气雾消毒。

4）接种操作人员要有专用衣帽，定期洗涤，保持干净清洁。在缓冲间更换专用衣帽，进入接种室前要认真洗手。操作前，用消毒剂消毒双手。

5）严格按照无菌操作要求进行操作，为减少空气震动和流动，减少污染，尽量少走动、少搬动、不说话，尽量做小动作、快动作。

6）事实上，无菌室内绝对无菌的空间只在酒精灯火焰周围很小的范围内，因此选择在火焰上方接种。接种人员要密切配合，开盖、取种、接种、盖盖，都应在这个绝对无菌的小区内完成，不可偏离。

7）为了不造成瓶内负压，导致外界空气突然进入而混入杂菌。拔棉塞时，应旋转式缓劲拔出，不可用力直线上拔。

8）也可以将一些备用棉塞用塑料袋包好，放入灭菌锅同菌袋（瓶）一同灭菌。当接种时发现菌种瓶棉塞被蒸汽打湿，可以换上这些新棉塞。

9）接种前做好一切准备工作，一次接种不间断，一气呵成。

10）少量多次，每次接种室消毒处理后接种量不宜过大，接种室以一次 200 瓶以内，接种箱以一次 100 瓶以内效果为佳。

11）未经灭菌的物品切勿进入无菌的瓶内或袋内。接种操作时，接种钩、镊子等工具一旦触碰了非无菌物品，如试管外壁、种瓶外壁、操作台面等，不可再直接用来取种、接种，须重新进行火焰灼烧灭菌。掉在地上的棉塞、瓶盖切忌使用[1]。

（6）培养环境不洁及高湿

此情况发生的特点是，接种后污染率很低，随着培养时间的延长，污染率逐渐增高。这种污染较大量地发生在接种10天以后，甚至培养基表面都已长满菌丝后，贴瓶壁处陆续出现污染菌落。

（7）综合防控措施

1）购买和引进母种时，应该从正规的、信誉良好的科研、专业机构引种。原始种要优良、可靠，做到来源清楚、性状明确、种质优良，事先对引进的母种做出菇试验，做到使用一代、试验一代、储存一代。

2）厂区布局应按照菌种生产各环节的要求，合理、科学地规划和设计，并配置专业设施、设备，提高专业化、标准化、规范化生产水平。

3）选料、配料、分装、灭菌、冷却、接种、培养和质量检测各个环节都应该严格按照菌种生产的工艺技术流程进行。

4）用于扩大生产的菌种，要严格挑选，有任何疑点都不可使用，确保接种物的纯度。

5）生产场地要定期清洁、消毒，保持大环境的整洁状态，提高从业人员技术的素质，规范操作。

6）专业菌种场，确保技术的准确到位，建立技术管理规章制度[1]。

（四）发菌、出菇与采收

1. 发菌管理

接种好后的菌袋叠成“井”型整齐叠放，每10天翻菌堆一次防止“烧菌”。培养室温度保持在15~28 ℃，湿度在70%以下，暗处培养。菌丝长满菌袋的时间在25~30天；子实体培养期间温度控制在

15~18 ℃，湿度 85%~95%，二氧化碳浓度不宜过高。经过 12~15 天便可成熟采收；菌刺在 0.5~1 cm，未弹射孢子前为采收适宜期。采摘时，用割刀从子实体边缘轻轻插入袋料面，沿料面切割。

接种后，把栽培瓶直立在架上培养 3~5 天，待菌丝定植后，拿出杂菌污染及破损的菌瓶，再卧倒在床架上继续培养。春栽时，自然气温较低，可将瓶子卧放堆积在床架上，堆高 0.7~1 m，5~6 天翻堆一次，并在堆上覆盖纤维袋或旧麻袋，利用堆温加快菌丝的生长速度。栽培中室温控制在 24~28 ℃，菌丝生长致密，30 天发菌满瓶。温度太高，虽然发菌时间可缩短，但菌丝不致密，不利于高产。培养室空气相对湿度在发菌阶段要求控制在 65%~70%，并定期通风，保持干燥。发菌期间最好遮光，以免过早形成原基。

2. 出菇与采收

菌丝体长到一半以上时，就陆续出现子实体，此时应及时进行出菇管理。出菇期内，要着眼于创造适合于子实体生长发育的条件，协调好温、湿、光、气之间的关系。

（1）原基分化

内培养料表面接种块上有白色幼蕾时，不要急于拔去封口材料，只有当瓶内菌丝全部长满（或单点接种的菌丝深入到 2/3 处）、原基已有蚕豆或核桃大小时，才可除去封口材料。这时可把瓶子直立于床架上，瓶口盖报纸，经常喷水保湿，空气相对湿度增加到 80%。如果场地不允许，也可将菌瓶瓶口交叉卧放于床架上，堆 3~6 层，这样促控结合，使其发育壮大。当幼菇从瓶口长出 1~2 cm 时，进入出菇期管理阶段（图 2.4）。

瓶栽猴头菇，拔去棉塞或去掉牛皮纸，在封口塑料薄膜中央开一直径 2 cm 的圆孔即可。袋栽猴头菇，去掉颈圈内的棉塞或揭去接种穴上的胶布，袋上用塑料薄膜覆盖，每 2~3 天将薄膜掀动一次，促使菇营形成。当菇蕾直径为 2~3 cm 时，揭去薄膜。

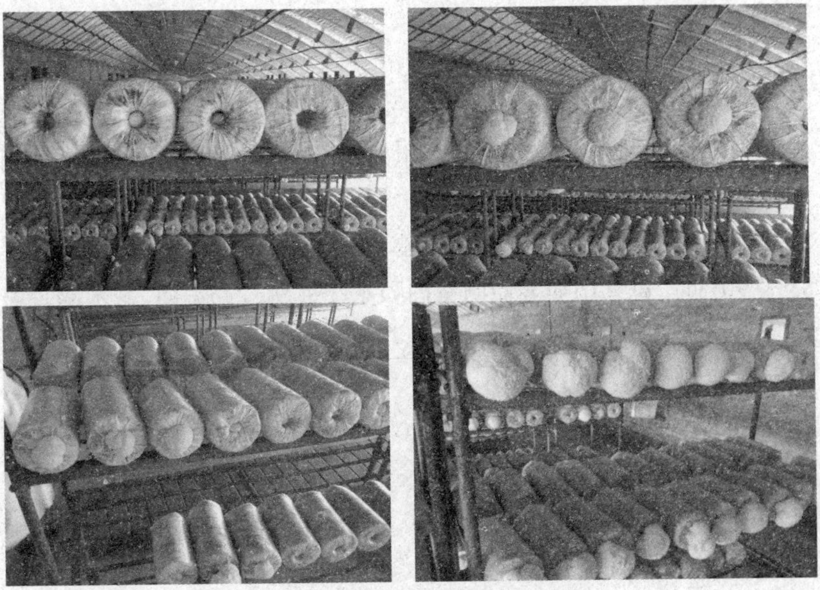

图 2.4　猴头菇子实体萌发出菇

(2)温度

出菇期间,室温以 18~22 ℃最适宜,高于 26 ℃或低于 10 ℃时,子实体生长减慢,质量降低。

(3)湿度

出菇期空气相对湿度控制在 85%~90%,这时的猴头菇子实体生长迅速,颜色洁白。若过于干燥,子实体生长迟缓或停止,活力下降,在子实体和培养基表面会生长真菌。幼菇对环境湿度很敏感,当湿度低于 70%时,很快干缩发黄,并留下永久性斑痕,在湿度提高后仍可恢复生长,但畸形菇较多。检测湿度是否适当,可从刺毛观察,若刺毛鲜白,弹性强,表明湿度适合;若菇体萎黄,刺毛不明显,长速缓慢,则为湿度不足,就要喷水增湿。对已形成珊瑚状的幼蕾,应立即将它连同表面的一层培养料一起挖去,空间加强通风,创造适宜条件，促进其再次出菇。

菇房内的空气相对湿度也不可太高，若高于90%，蒸腾作用下降，代谢活动减弱，生长缓慢，易发生病害导致烂菇，或颜色发红，形成肉刺变短的畸形菇。菇房内喷水时，切忌让水珠落到菇体上，早期可在瓶上盖报纸，去掉报纸后，则可向空中或地面喷雾。菇房温度应保持在12~20 ℃，以18 ℃左右最为适宜，空气相对湿度控制在85%~90%时，每天用喷雾器向室内喷水3~4次。高温时，要采取必要的降温措施，顶部覆盖、通风换气、增加喷水等；低温时，要加强增温保温措施。

喷水必须结合通风，使空气新鲜、子实体茁壮成长。出菇期间，出菇房必须创造适合85%~90%的空气相对湿度。要注意协调温度、湿度、通风三者的关系。

（4）通气

猴头菇子实体生长要求有新鲜的空气，通风良好。这样，子实体个儿大、质紧，色白，生长快，产量高，菌刺长短适中，商品性好。否则，子实体产量低，甚至会出现畸形。若子实体的形状为菜花状，说明出菇室通气不好，二氧化碳浓度高，应增加通风时间和次数。如子实体个头圆整，但是表面呈光滑的秃头状，不长毛刺，说明出菇室湿度低，应增加湿度，空间喷雾加湿，促使毛刺伸出。因此，应注意菇房的通风换气，每天定时打开通气口，高温时，多在早晚通风，每次30分钟左右；低温时，可在中午通风。

出菇期间要逐渐加大通风量、通风时间与次数，猴头菇对CO_2十分敏感，CO_2浓度超过0.1%时，就会刺激菌柄不断分枝，抑制中心部分发育，形成珊瑚状的“花菇”。但在通风时应避免室外风直接吹于菇体上。

（5）光照

猴头菇出菇期对光照没有特殊要求，一般为散射光即可，注意避免强光，光照度在 1000 lx 以上子实体会变红。

当菇体菌刺长至 0.5~1 cm，个头基本长足，未弹射孢子前应采收猴头。采收完一潮菇，将袋口料面清理干净，停水养菌 3~5 天后，再喷水增湿、催蕾，促进再次出菇，一般可收 3 潮菇。鲜食猴头菇最好在菌刺尚未形成、延伸，或已形成但长度不超过 0.5 cm、尚未喷孢子时进行采收，这时猴头菇色白、风味鲜美、没有苦味。如果是作为药用，则可适当延迟，在菌刺长到 1 cm 左右时采收。

（五）畸形猴头菇的成因及防治

1. 珊瑚型

猴头菇比较娇嫩，刺细，抗性差，对环境要求严，容易出现畸形菇。猴头栽培中常出现奇形怪状的子实体，如通气差和二氧化碳浓度超过 0.1%时，猴头就会长成珊瑚状，子实体从基部开始分枝，在每个分枝上又不规则地多次分枝，呈珊瑚状丛集，基部有一条根样的菌丝菇与培养基相连，以吸收营养。菌丝体培养阶段要注意通风换气。如果已形成珊瑚状子实体，可在其幼小时连同培养料一起铲除；培养料中不能含有松、柏树种的芳香族有机化合物；喷雾和配料要用水清洁，碱性水不能用（图 2.5）。

2. 光秃型

子实体呈块状分枝，系由各分枝生长发育而成。但子实体表面皱褶，粗糙无刺，菌肉松软，个体肥大，鲜时略带褐色。水分湿度管理不善会产生光秃无刺型猴头菇。猴头菇在生长过程中，温度越高，蒸发量越大。当气温高于 25 ℃时，要特别加强水分管理，要保持 90%以上的空气相对湿度。此外，通风换气时，要避免让风直接吹子实体，以减少其水分蒸发（图 2.6）。

图 2.5 珊瑚型猴头菇

图 2.6 光秃型猴头菇

3. 色泽异常型

菇体发黄，菌刺粗短，有时整个猴头菇带苦味，有的子实体从幼小到成熟一直呈粉红色，但香味不变（图 2.7）。温、湿度过低是猴头菇子实体发红的主要原因。根据栽培实践，培养温度低于 10 ℃时，子实体开始发红，随着温度下降，猴头菇子实体颜色加深。因此，出菇期间要保持适宜的温、湿度，有效防止子实体变红（图 2.8）。

图 2.7 色泽异常型猴头菇子实体

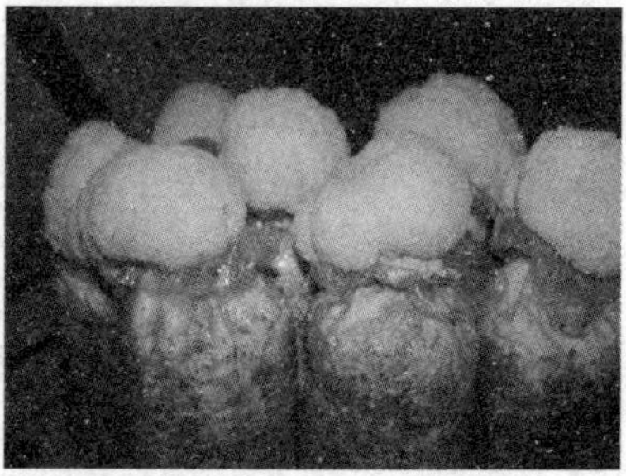

图 2.8 正常猴头菇子实体

参考文献

[1] 王世东. 无公害农产品高效生产技术丛书——食用菌[M]. 北京：中国农业大学出版社，2005,74-83.

第三章　猴头菇菌种的选育与分离技术

（一）猴头菇优质菌种的选育

猴头菇菌种选育的目的是改良或改变菌种的特性，使其符合实际生产要求。菌种选育包括 3 个环节：①菌种产生变异；②筛选出变异的菌株；③使变异菌株的特性得到表达。目前常用的方法包括自然选育、杂交育种、诱变育种、原生质体融合育种等。

1. 自然选育

自然选育是最古老、最简便、应用最广的选种方法，是人工选择菌种自发产生的有益变异。猴头菇在自然界中和人工栽培条件下，由于环境条件的变化会发生变异，人们就可以从变异的个体中选择出有最佳生产力的菌株，特别是对菌株的菌丝生长速度、对环境的抵抗力、出菇早晚、产量高低、菇形大小、香味浓淡、苦味程度等各方面进行了详细的评比，最后评选出优质品种。

自然选育包括如下几个步骤：①在自然界采集野生菌株的子实体，或从人工栽培的猴头菇中选择优质的子实体。②对采回的子实体进行组织分离，从而获得母种。③将母种扩大培养成原种和生产种。④实验室小型出菇试验。比较各菌株的菌丝生长情况及子实体性状，选出优质菌株。然后，小面积生产栽培试验。⑤把上述选出的菌株进一步扩大栽培面积，再比较它们的性状，保留优质菌株，供大面积推广使用。

只要我们经常注意菌种的选育，不断淘汰劣等菌株，选留优秀菌株,就能使生产丰收、质量稳定。

2. 杂交育种

杂交育种是一种遗传物质在细胞水平上的重组过程。从目前世界各国育种工作的现状来看,常规的杂交育种仍是猴头菇育种中应用最广泛的手段。

杂交育种的一般步骤为:选择亲本→分离单孢→杂交配对→杂种鉴定→初筛→复筛→扩大试验→示范、推广。

(1)选择亲本

选择亲本应根据育种的目的来进行,选择原则是:①选择优秀性状多、不良性状少、缺点可以通过杂交互相弥补的两个菌株做亲本;②用当地与外来菌株杂交时,注意选当地适应性强的菌株;③在生态差异大、亲缘关系远的亲本杂交时,亲本之一必须是高产的;④个体选择时,要注意选择周期短、出菇早、抗逆性强,以及色泽、菇形端正等。

(2)杂交方法

1)单孢杂交

单孢杂交法只适用于异宗结合的猴头菇的杂交育种。因为异宗结合的猴头菇其单核菌丝不能形成子实体。只有当两种单核菌丝结合成为双核菌丝,镜检观察才会有锁状联合,依照此方法就可鉴定两种菌丝是否进行了杂交。单孢杂交的主要步骤如下:①单核菌丝的培养。先用平板稀释分离法、单孢子分离器等方法获得单孢子,再通过平板培养获得单菌落,挑取单菌落至试管斜面上培养。待菌丝长好后,镜检观察菌丝看有无锁状联合,无锁状联合的可初步确定是单核菌丝,保留备用。②交配。把不同亲本的两个单核菌丝接在同一斜面上,待两种菌丝接触后,镜检接触部分的菌丝,若有锁状联合,说明两种单核菌丝已结合,是杂交菌株,挑取该段菌丝转接至另一斜面培养保存。③出菇试验。把杂交菌株和亲本菌株一起做出菇试验，比较它们的各种遗传性状，挑出优质菌株，进一步进行复筛和扩大试验。

2）多孢杂交

多孢杂交无须单独培养单核菌丝。主要步骤如下：①单核菌丝的交配培养。采用担孢子弹射法等方法获得两个待杂交亲本的担孢子。进行孢子稀释，取两亲本的孢子稀释液接于同一平板上，适温培养，两亲本的单核菌丝在平板上进行杂交。待两种菌丝接触后，镜检接触部分的菌丝，保留有锁状联合的菌丝，待测。②拮抗试验。把有锁状联合的菌株与亲本菌株一起做拮抗试验，在同一斜面上接3点，中间为待测菌株，上、下各接亲本菌株。适温培养，几天后各菌株分别生长，当相邻两菌丝相遇时，如见到两边有明显的拮抗线，证明中间菌株为杂交菌株。③出菇试验。把杂交菌株和亲本菌株一起做出菇试验，比较它们的各种遗传性状，挑出优质菌株，进一步进行复筛和扩大试验。

无论是单孢杂交还是多孢杂交，都是单核菌丝之间的结合，而且只能局限于亲缘关系较近的种内不同品种之间。

3. 诱变育种

诱变育种是人为利用诱变剂诱导猴头菇遗传因子发生突变，再从多种突变体中选出正突变菌株，即选出生长快速、营养要求低、出菇早、适应性强等性状的菌株的方法。诱变育种是获得优质猴头菇菌株的常用手段。

诱变育种主要步骤：孢子悬浮液的制备→诱变剂处理→处理后的孢子悬浮液涂平板→平板培养→突变株分离→初筛→复筛→扩大试验→示范、推广。

诱变育种所用的诱变剂包括物理诱变剂和化学诱变剂。物理诱变剂种类很多，如紫外线、快中子、激光、超声、X线、γ射线等，常用的是紫外线、γ 射线。化学诱变剂有亚硝酸、硫酸二乙酯、亚硝基胍、盐酸氮芥、羟胺、秋水仙碱等。现介绍一下紫外线诱变和亚硝酸诱变方法。

(1)紫外线诱变

紫外线诱变具有无需特殊设备、成本低廉、对人体损害作用易于防治等优点,诱变效果也较好,是目前最常见的物理诱变因素之一。

紫外线诱变的主要步骤有如下几步。

1)制备孢子悬浮液

将新鲜的猴头菇无菌孢子移入 10 mL 无菌生理盐水或磷酸缓冲液中,摇匀后即成孢子悬浮液。孢子悬浮液的浓度为每毫升 10^6 个。

2)诱变处理

紫外诱变在暗箱内进行,箱内装 15 W 紫外灯一盏,悬挂于 30 cm 高处,诱变处理时应先开灯 20 分钟,使波长稳定,然后将悬浮液倒入直径为 6 cm 的无菌培养皿中(为了使照射均匀,培养皿应放于磁力搅拌器上),打开皿盖,开动搅拌器,同时打开紫外灯进行照射。照射时间根据孢子致死率的要求进行确定,一般照射时间为 0.5~5 分钟。

3)单个菌落培养

先用无菌水将照射后的孢子悬浮液稀释数倍。然后取稀释液 1 mL 涂布于装有琼脂培养基的培养皿上,适温培养 5~10 天,这时就能在每个平板上得到数十个单菌落。选纯正、健壮的单个菌落移入斜面试管,供进一步测定筛选。

4)挑菌初筛

选发育健全的单个菌落移入斜面试管,一个菌落只接一支斜面,待外面长好后,再分别接入 2~4 瓶原种中,然后进行栽培试验,反复比较各菌落的生产性能,择优留取。

（2）亚硝酸诱变

由于亚硝酸极不稳定，易分解为水和亚硝酸酐，因此常采用现用现配的方法，即在使用前将 $NaNO_2$（亚硝酸钠）在 pH 值为 4.5 的醋酸缓冲液中生成 HNO_2（亚硝酸）（$NaNO_2+H^+ \rightarrow HNO_2+Na^+$），诱变后用大量水稀释或用 NaOH（氢氧化钠）或 Na_2HPO_4（磷酸氢二钠）终止亚硝酸作用。亚硝酸易挥发，诱变处理要用密封容器。亚硝酸诱变的主要步骤如下。

1）诱变剂的制备。①配制 1mol/L 醋酸缓冲液：称取 6.12 g 冰醋酸，加蒸馏水到 100 mL；称取 8.2 g 醋酸钠，加蒸馏水到 100 mL。将醋酸钠溶液徐徐加入醋酸溶液，到 pH 值为 4.5 为止（约为 1 : 1）。②配制 0.1mol/L 亚硝酸钠溶液：称取亚硝酸钠 0.69 g，加蒸馏水到 100 mL。③配制 0.07mol/L 磷酸氢二钠溶液（pH 值为 8.6）：称取 9.94 g 磷酸氢二钠，加蒸馏水到 100 mL。以上 3 种溶液使用前必须灭菌。

2）诱变处理

取食用菌孢子悬浮液 2mL，加入 1 mL 0.1mol/L 亚硝酸钠溶液和 1mLpH 值为 4.5 的醋酸缓冲液中，27 ℃保温，这时亚硝酸钠的浓度为 0.025mol/L。处理 10 分钟（可根据需要定时间）后，取出 2 mL 加入 10 mL 0.07mol/L、pH 值为 8.6 的磷酸氢二钠溶液中，这时 pH 值下降至 6.8 左右，诱变作用中止（$HNO_2+Na_2HPO_4 \rightarrow NaNO_2+NaH_2PO_4$）。

3）平板培养

将处理后的孢子悬液适当稀释，取 0.2 mL 涂完全培养基平皿，于 28 ℃培养 7~10 天，长出菌落后，根据需要筛选突变体。

4）挑菌筛选

将诱变后的孢子经培养长出菌落后及时挑菌，选发育健全的单个菌落移入斜面试管，一个菌落只接一支斜面，待长好后，再分别接入 2~4 瓶原种，然后进行栽培试验，反复比较各菌落的生产性能，择优留取。

(3)突变株的分离筛选

诱变处理只是扩大了菌株的变异范围,并不能决定变异的方向,所以诱变育种最大的困难是筛选。突变株种类很多,有抗性突变、营养缺陷型突变、形态突变、细胞透性突变、温度条件突变、产量突变等。一般形态色素突变株,用肉眼就可选择,而产量突变株的分离却相当复杂且工作量大,设计合理的筛选方案对选定结果有很大影响。

虽然食用菌的营养缺陷型筛选困难而又费时,但它具有系统完整性,可以作为筛选其他突变株的借鉴。所谓营养缺陷型,就是指某菌株由于基因突变,致使细胞合成途径出现某些缺陷,使该菌株在基本培养基上不能生长,必须在此培养基上加入某些有机营养物才能正常生长的菌株。营养缺陷型菌株的分离步骤如下。

1)淘汰野生型

其原理是在基本培养基上野生型孢子能萌发形成菌丝,而营养缺陷型孢子不生长,可以用菌丝过滤法淘汰未变异的野生型个体。方法是把诱变处理后的孢子悬浮在基本培养液中,小心振荡培养,野生型孢子会在数小时内萌发出菌丝,而营养缺陷型孢子则不萌发。经灭菌的纱布或玻璃棉过滤,可滤去已萌发出菌丝的野生菌孢子,而营养缺陷型孢子仍留在滤液中。

2)营养缺陷型的检出

采用逐个检出法,方法是把上述已除去野生型孢子的滤液涂到完全培养基上,待长成菌落时,用接种针或灭菌牙签挑菌丝,分别先接种到基本培养基中,后接种到完全培养基上,只要是在完全培养基上生长而在基本培养基不长的就是营养缺陷型。将其挑入完全培养基中保存待测。

3)营养缺陷型的鉴定

将菌丝制成悬浮液涂布到基本培养基上,或与基本培养基混合后倒在平板上,而后用各种营养物质颗粒,分别置于上述培养基的不同位置,凡在该颗粒周围继续生长而形成菌落的,就是该物质的营养缺陷型。

4. 原生质体融合育种

原生质体融合技术是指用脱壁酶处理将细胞壁除去，制成原生质体，再用聚乙二醇或其他融合剂促使原生质体发生融合，从而获得异核体或重组合子。现介绍原生质体融合的步骤。

(1)标记菌株的筛选

选定两个亲本菌株，收集两个亲本菌株的担孢子，通过物理或化学诱变获得具有遗传标记的亲本菌株。采用的遗传标记一般以营养缺陷型和抗药性突变等遗传性状为标记。

(2)原生质体的制备

根据亲株菌丝特点，选择原生质体分离的适宜条件(包括菌龄、细胞壁溶解酶、渗透压稳定剂、酶解温度、酶解时间和 pH 值等)，从菌丝分离出原生质体并加以纯化，最后将提纯的原生质体分别制备成原生质体悬浮液。具体步骤如下：①猴头菇菌丝液体浅层培养 4 天后，用无菌纱布过滤收集菌丝，菌丝用无菌水洗涤后，吸水纸将水分吸干；②将处理后的菌丝放入适量的酶液(溶壁酶，1.5%~2%)，按 100 mg 湿菌丝加 1 mL 的酶液比例，30 ℃下酶解 2 小时；③酶解完毕，经薄层无菌棉过滤去除残留菌丝，离心去上清液，收集原生质体沉淀；④将两个亲本菌丝的原生质体用渗透压稳定剂分别制备成浓度每毫升 10^6 个的原生质体悬浮液。

(3)原生质体的融合(PEG 融合法)

把两个亲株的原生质体混合在一起，在融合剂聚乙二醇(PEG)作用下，发生原生质体的融合。将融合处理后的原生质体经渗透压稳定剂洗涤和适当稀释后，涂融合子选择培养基平板。每个直径为 9 cm 的平板加 0.3~0.4 mL 原生质体混合液。同时以渗透压稳定剂代替 PEG 加入原生质体混合液涂平板做对照。适温培养。

除使用 PEG 融合法外，还可采用电诱导原生质体融合，利用紫外线照射原生质体再进行融合等方法。

(4)原生质体的再生

融合处理后的原生质体混合液在温箱培养一段后，只有融合子才能在选择性培养基上再生细胞壁，长成菌落。因此可将两个亲本的原生质体和经处理后的混合原生质体分别涂在选择性培养基平板上，培养后，若两个亲本原生质体在选择性培养基上无菌落，而融合处理后的原生质体在选择培养基上长出菌落，此菌落即为融合子。如果两个亲本原生质体在选择性培养基上长出菌落，证明亲本菌株已发生回复突变，不能做融合亲本。

(5)融合子的鉴定

原生质体融合后产生两种情况：一种是真正的融合，即产生杂合二倍体；另一种是细胞质发生了融合，而细胞核没有融和，形成异核体。以上两种融合子均可以在选择培养基上生长，一般前者较稳定，而后者不稳定，会分离成亲本类型。因此，要获得真正融合子，必须对检出的融合体用其他方法做进一步鉴定，可采用比较菌落形态、子实体形态和颜色或采用生化和分子生物学等鉴定法。

(二)猴头菇菌种的分离与纯化技术

1. 种菇的选择

收集孢子用的种菇必须菇形端正、肥厚、健壮、色泽正常、无病虫害，以成熟度为八分的单生菇做种，也可以选取八成熟、正在释放孢子的个体。种菇子实体采回后，要及时切除基部，并进行表面消毒。种菇经消毒处理后即可采集孢子。在采集前，要事先备好孢子收集器和接种箱，将孢子采集器放入高压蒸汽灭菌锅，在压力 0.1 MPa 下灭菌半小时，然后取出放入已消毒的接种箱备用。

2. 孢子分离法

孢子分离法是利用食用菌成熟的有性孢子（担孢子、子囊孢子）和无性孢子（厚垣孢子、节孢子、粉孢子）等萌发成菌丝，来获得纯菌种的一种方法。采用孢子分离法来取得菌种是行业中普遍采用的方法。由于孢子数量大，变异的机会多，因此，采用孢子分离法可以有更多选择优质菌株的机会，而且孢子的生活力强，所得菌种菌龄小、生活力旺盛。

（1）孢子弹射分离法

它是利用孢子能自动弹射出子实体层的特性来收集孢子。

1）整菇插种法。①需用一套孢子收集装置来收集孢子，包括瓷盘、培养皿、铁丝支架、钟罩等，组装孢子收集器，连同注射器在外面用纱布包好，进行高压灭菌。②选优质、具有典型性状的种菇子实体，放在接种箱内，用75%酒精棉球消毒表面，轻轻打开种罩，把菇柄朝下插在孢子采收器的钢丝架上，再盖好种罩，于15~17 ℃下培养1~3天，即可散落大量孢子。③在接种箱内移去种罩和种菇，在培养皿内倒入5 mL无菌水摇动，使孢子均匀散布于水中，呈孢子悬液，停放片刻，用已灭菌的注射器吸取下层孢子液2~3 mL，再吸取数毫升无菌水进行稀释（视孢子液浓度大小而定）。将斜面试管棉塞轻轻松动，针头从试管壁插入，注射1~2滴孢子悬液，使其顺着培养基流遍斜面，或用接种环蘸孢子悬液涂于斜面，塞好棉塞。④于温箱内25 ℃培养，经常检查，7~9天即可看到星芒状的白色菌丝。然后将星芒状菌丝挑入另一试管斜面进行培养，待菌丝布满，即为菌种。

2）钩悬法。①首先，要准备好已灭菌的装有1 cm厚PDA培养基的三角瓶（100~150 mL）、金属钩、无菌水、无菌纱布等；②选取生长健壮、八九分成熟的健壮子实体，用小刀割下，用干净白纸包好，至接种箱烧杯中，倒入无菌水洗涤，然后用无菌水冲洗数次，用无菌纱布吸干水；③取金属钩蘸上酒精经火焰灭菌，待冷却后，将钩的一端勾住经处理的子实体，然后把另一端勾住三角瓶口（注意不要接触培养基表面，以免感染杂菌），塞上棉塞，置于适温下培养1~2天后，即可看见培养基表面有一层白色孢子，此时将钩及子实体在无菌条件下取出，孢子可转接备用。

3）贴附法

取一小块成熟的菌褶，用无菌琼脂或糨糊（须先灭菌）将它黏贴在PDA培养基斜面的正上方试管壁或平皿盖上，置于适温下经6~12小时的培养，待孢子落在斜面上，立即把孢子连同部分琼脂培养基移植到新的试管中培养。这种方法在缺乏正规的孢子收集器或野外采种时应用较为方便。

4）菌褶涂抹法

取成熟的子实体，在接种箱内用75%酒精将表面消毒，用经火焰灭菌的接种环，蘸上无菌水后准确地直插在两片菌褶之间（切勿使接种环接触到裸露于空气间的菌褶部分，以免沾上杂菌）。轻轻地抹取子实层，将尚未弹射的孢子蘸在接种环上，取出接种环，在准备好的斜面培养基上或平板培养基上画线接种，加棉花塞或盖上平皿。此法在野外采种时尤为方便，但仍要无菌操作，且动作要准确、敏捷。

5）孢子印分离法

将已成熟的新鲜菌菇，菌褶向下置于灭过菌的白色或黑色蜡光纸上，用通气钟罩罩上，在20~24 ℃适温下静置数小时后轻轻移去菌菇，这时，大量的孢子已按照菌褶的排列方式散落在纸上了。孢子堆若是白色的，可用黑纸显示，其他颜色的可在白纸上得到鉴别。有孢子印的纸可无菌保存备用。需要用时，从纸上挑取少许孢子接入培养基培养即成。

6）空中孢子捕捉法

猴头菇成熟后，大量的孢子会自动弹射出来，在子实体周围可形成似烟雾的"孢子云"，这时可将培养基平板或试管口对准"孢子云"飘动的方向，使孢子附着在培养基表面，盖上皿或塞上棉塞即可，整个过程要动作迅速。

(2)多孢分离法

多孢分离法是采集孢子,把许多孢子接种在同一培养基上,让它们萌发、自由交配来获得食用菌纯菌种的一种方法。此法简单易学,在生产上经常采用。具体操作方法有以下几种:

1)直接培养法

将采集到孢子的接收器(装有琼脂培养基的试管或平皿),直接置于恒温箱中培养,待孢子萌发后,挑选特征典型的菌落,再转接培养成母种。

2)斜面画线法

按无菌操作规程,用无菌接种针蘸取少量孢子,在 PDA 试管斜面培养基上自下而上画线,画线时勿用力,以免划破培养基表面。接种完毕,抽出接种环,灼烧管口,塞上棉塞。按照各菌种的菌丝生长温度要求,置于恒温下培养。待孢子萌发后,挑选萌发早、长势旺的菌落,转接于新试管培养基上再行培养,即成母种。

3)涂布分离法

用接种环挑取少许孢子至装有无菌水的试管中,充分摇匀制成孢子悬浮液,然后用经灭菌的注射器吸取孢子悬浮液,滴 1~2 滴于试管斜面或平板培养基上,转动试管,使孢子悬浮液均匀分布于斜面上,或用三角形玻璃棒将平板上的悬浮液涂布均匀。孢子经恒温培养萌发后,挑选几株发育匀称、生长快速的菌落,移接于另一试管斜面培养基上,恒温培养即成母种。

以上几种多孢分离培养的方法,仅从菌丝生长情况、菌落形态等外部特征进行鉴别,还不能作为菌种优劣最后的根据。为了保证母种的质量,还需要进行出菇试验,才能确定能否应用于生产。

3. 组织分离法

组织分离通常是从子实体内部分离纯菌种的方法,子实体内部是无杂菌的，因此，从子实体内切取一小块组织放在培养基上培养，可长出纯菌种，且菌丝萌发快，遗传性状稳定，后代不易发生变异。

分离前要准备好解剖刀、接种针、PDA 培养基试管。分离时，把切去部分菇柄的种菇置于接种箱内，用 75%酒精进行表面消毒，用经火焰灭菌的解剖刀在菇柄中部纵切一刀，然后撕开，用接种针挑取一小块组织，接种到 PDA 培养基上于 25 ℃下培养 4~5 天后，就可看到组织块上长出的白色绒毛状菌丝，即猴头菇菌丝。

子实体组织分离法较简单，取材广泛，野外采种时常用此法。

（三）猴头菇菌种质量的检验

猴头菇栽培能否成功，菌种的优劣十分关键，纯正优质的菌种是栽培的成功保证。因此，在培育菌种时，要认真对待、严格把关，选用优质菌株，逐级扩大。在投入生产之前，必须进行菌种质量检验，并通过小面积的栽培试验证实是优质菌种后再推广使用[1]。

食用菌菌种的质量检测包括两个方面：

（1）对食用菌品种性状的鉴定

主要是完成判断从国内外引进的或采用不同育种手段得到的菌株是不是所要栽培的菌类以及所得到的菌株本身的特性，如产量、质量、抗逆性等性状如何，是不是所需要的优质菌株，能否适应在当地栽培。这需要进行生理、生化、出菇试验、抗逆性、抗杂力等多方面的鉴定，是选种育种工作必不可少的重要组成部分。

对于引进的菌种，首先看包装是否合乎要求，棉塞有无松动，试管、玻璃瓶或塑料袋有无破损，有无杂菌和病虫侵染，菌丝色泽是否正常，是否发生老化。通常情况下，如果菌丝粗壮整齐，分枝浓密，色洁白呈绒毛状，说明生长旺盛；打开棉塞有芳香气味，培养料相联结、不松散，呈白色，手捏有水印出现，说明菌种质量好；反之，瓶壁出现水珠，菌丝萎缩与瓶壁脱离，表面菌被变色，培养料干涸松散，或出现酱红色斑点，原基纽结，则说明菌种老化。有明显杂菌的为劣种，应淘汰。

在原种、栽培种培养过程中，如果菌种瓶内出现拮抗线、湿斑，表明染有杂菌；如果菌丝生长稀疏、纤细、上下分布不均，则是生命力衰退的表现，也有可能已被细菌污染；如果培养基收缩，瓶底积满黄色黏液，则为老化菌种；如果培养基中木屑变成淡黄色，而且菌丝生长不旺盛，则与培养基中含氮量不足或培养时间过短有关；如果菌丝只长到瓶深 1/4 就有原基出现，则与菌种连续采用组织分离有关，应采用孢子分离法进行复壮；猴头菇喜欢在偏酸性环境中生长，如果 pH 值过高，也会影响其生长；肥大肉厚，菌刺长者为优质菌种。

配制无琼脂的 PDA 液体培养基 100 mL，装入三角瓶，按常规方法灭菌后，移入黄豆粒大小菌种一块，于 25~28 ℃ 下培养 1 周。凡菌种块四周菌丝生长快，浓密洁白，呈棉絮状，说明菌种生活力旺盛；若菌块下沉，菌膜很薄，则菌种活力弱；如果液面出现气泡，产生“油皮”，发生混浊现象，说明菌种有杂菌。

（2）质量指标的检测

在完成对该菌株性状鉴定的前提下，对这支或这批菌种的菌丝生活力、菌种的纯度等质量指标进行检测。这个方面的内容是制种单位要加倍重视和努力解决的问题。

菌种质量检测的目标包括菌丝形态、菌落特征以及子实体形态等方面。

1. 建立标准的培养和观察方法

对于一个栽培品种各菌种的质量检测，实际上是以该品种典型的生物学特性（包括形态特征、生理生态特性、栽培习性）为参照标准进行比较，以检验菌种是否存在品种退化、菌种老化、病菌侵染、杂菌污染和品种混杂等质量问题。同时，菌种质量检测不仅要考虑从哪些方面来评价一个菌种的质量优劣，也要考虑用怎样的标准方法对菌种质量进行评价的问题。因为一定的结果来源于一定的方法和一定的条件。方法和条件不同,结果就失去了可比性,也就无法鉴别,因此,需要建立标准。这些标准包括培养基、培养条件(温度、湿度、pH 值、光照等)、菌种的菌龄等。

2. 连续观察

在菌种生长过程中,要连续观察,一切不正常的现象只有在生长过程中才能表现出来。而当菌种长满培养基表面后,其不正常现象往往会被菌种的过龄而掩盖。

3. 宏观检查

对食用菌母种、原种及栽培种的宏观检查要根据其培养特征来进行,是菌种生产者及使用者普遍使用的方法,简单易行,但需要有多年的从业经验与技术沉淀。如被检菌种表现出菌落生长速度不一致、气生菌丝变稀疏或出现扇变菌落、菌落上过早出现色素,或不同特征的菌落混杂共存,或菌落上出现黑褐色、青灰色、黄褐色或红色的孢子堆,均可以确定该菌种存在质量问题。优质菌种外观菌丝洁白、密集粗壮、生长速度一致,齐发并进。

在生产实践中,广大菇农和专业工作人员总结出了“纯、正、壮、润、香”的质量检查方法。这种应用感官识别菌种优劣的方法,是经验的总结,能大致、快速地鉴定出菌种的优劣。具体方法:

1)“纯”指菌种的纯度高,无杂菌感染,无斑块、无抑制线、无“退菌”“断菌”等现象。

2)“正”指菌丝无异常,具有亲本正宗的特征,如菌丝纯白、有光泽、生长整齐、联结成块、具弹性等。

3)“壮”指菌丝发育粗壮、长势旺盛、分枝多而密,在培养基上恢复、定植、蔓延速度快。

4)“润”指菌种含水量适中,基质湿润,与瓶壁紧贴,瓶颈略有水珠,无干缩、松散现象。

5）“香”指具该品种特有的香味，无霉变、腥臭、酸败气味。

菌丝生长一般以色泽、速度、均匀度等特征来加以检测，来判断菌种生长是否正常，是否可用，但辨别不了是否优质高产。

4. 显微镜检查

对菌丝体进行显微观察，可以确定菌丝粗细分枝、隔膜、锁状联合等特性是否均一，是否与该栽培品种的典型特征一致。具有不同形态特征的菌丝体存在于同一菌种体中，表明该菌种存在质量问题；如果出现不同特征的菌丝体相互缠绕，或菌丝体中空变细，或在寄生点出现吸器等不正常现象，则表明出现了菌丝体重寄生现象。

镜检：挑取少量菌丝，置于载玻片中央的水滴上，用解剖针或接种针拨散，盖上盖玻片，也可加碘酒或亚甲蓝等染色后进行镜检。正常的菌丝一般具有透明、分枝状，有横隔和明显的锁状联合；双核菌丝中，锁状联合多而密，则结菇力强，一般可认为是好菌种。

5. 拮抗试验

也称对峙反应。同一种食用菌，经分离或杂交，将选育出许多不同的菌株，这些菌株的菌丝在形态上很难区别。如不同编号的猴头菇菌种，都是白色绒毛状菌丝，镜检时均具有锁状联合等。在当前菌种管理工作尚不十分健全的情况下，“同名异种”“同种异名”的现象普遍发生，要识别异同，可采用“拮抗试验”加以区别。具体方法是：

用 1 支 20 mm× 20 mm 的无底试管，中央部位装入长 5~7 cm 的木屑麸糠培养基，两端压平并盖棉塞，灭菌后，两端各接入两株受检的菌种一小块，在 25 ℃ 左右条件下培养，当两端菌丝往中央生长并相互接触后，把试管移至 20 ℃、约 300 lx 的漫射光下继续培养，观察菌丝接触区有无对峙反应。若无褐色的带线出现，表示两个受检菌株的基因极相似或相同，是相同的菌株，仅编号不同，即同种异名。如果受检菌株间形成带线，则表示是不同的菌株。

用平板进行拮抗试验测试，方法是在无菌的 PDA 培养基平板上各接入两个或多个被检菌株的菌种，在如上所述条件下培养，观察菌丝相接触部分有无带线，以区别相同或不同的菌株。也可用菌种瓶(袋)进行拮抗测试。

6. 菌丝长速测定

在适宜的条件下，若菌丝生长迅速、粗壮有力、浓密整齐，一般为优质菌种；而菌丝生长缓慢、中断或长速极快、稀疏无力、参差不齐和易枯黄萎缩，则为不良菌种。菌丝生长速度测定，可在 PDA 平板中心接种培养，测量菌落两个直交直径，取其平均值。同理，还可在原种、栽培种瓶(袋)壁上画线测定。

7. 菌丝生长量测定

将等面积的菌苔接入无菌的液体培养基，在相同的条件下，进行摇床振动培养，经过一定时间后，过滤收集菌丝，反复冲洗干净后置于容器内，80~100 ℃烘箱中烘干至恒重后称重。凡菌丝增殖快、重量重的为优质菌株，而增殖慢、重量轻的为不良菌株。

8. 耐高温测定

把猴头菇菌种放在 20~22 ℃下培养，待菌丝长到 1/2 试管斜面时，每一菌株取出 2~3 支试管，放在 35 ℃ 温度下，经 24 小时做抗热性试验，然后放到 22~23 ℃下培养，观察菌丝的恢复情况，若菌丝恢复萌发快，仍健壮、旺盛生长，则表明该菌株具有耐较高温的优良性状；如果菌丝生长缓慢，出现发黄倒伏、萎缩无力，则为不良菌株。

9. 均一性测定

将母种接种于标准培养基的平板上，并置于标准的环境条件下，每批做 30~50 个重复，进行长势和长速的连续观察记录。均一性好的品种，每个重复之间长势和长速几乎没有肉眼可见的差异。如果长势和长速不一，则表明原始的母种的遗传均一性不良，不宜作为生产用种。

10. 纯度测定

菌种纯度高低是鉴定菌种质量好坏的关键环节。优质菌种要求同一管、瓶或袋内只含有所需要的菌种菌丝体，而不能含有其他种类的杂菌。这里所说的杂菌包括细菌、放线菌、酵母菌和各种霉菌，以及含有两种食用菌菌丝体或同一种食用菌的两个品种菌丝，其中有一株是不需要的种或品种，也应视为杂菌。凡是被杂菌污染的菌种都是不纯菌种，必须予以淘汰。在三角瓶内装入浅层液体培养基，灭菌后接入经捣散的菌种，在 25 ℃条件下培养，约经 1 周观察，若有气泡和菌膜发生，并具酸败味，说明菌种不纯，混有杂菌；如果无上述现象则菌种纯正无杂。

11. 长势测定

菌丝长势包括菌丝生长的状态和速度。凡是菌丝生长迅速、整齐浓密、健壮有力的菌种为优质菌种；如果菌丝生长缓慢，或长速特快、稀疏无力、参差不齐、易于衰老，则表明是劣质菌种。在鉴别菌丝长势时必须注意，在不同的培养基上，不同的培养条件下，同一种食用菌菌丝的长势不同，因此，判断食用菌的菌种长势应采用相同的培养基，这样结果就可靠一些。在外界环境相同的情况下，菌丝生长旺盛、生长量多、生长速度快的要好于菌丝生长弱、生长量少、生长速度慢的菌种。还有一种方法是在三角瓶内装入浅层液体培养基，灭菌后接入经捣散的菌种，在 25 ℃条件下培养，约经 1 周观察浮在液面的菌种，如果菌丝向旁边迅速生长、健壮有力、边缘整齐，且不断增厚，说明该菌株生长势强；若表面生长慢、稀疏、菌丝层薄，说明长势弱，不宜用于生产。

12. 抗霉性测定

测定时，在平板的一边分别接入不同的菌株，每一菌株 3 个重复，在 26~28 ℃下培养。待菌丝长到平板长度的一半左右时，在平板的另一边接上木霉菌丝，继续培养。之后注意观察木霉菌丝与猴头菇菌丝的交界处，出现拮抗线的表示猴头菇抗霉能力强，木霉菌丝无法长过去；如果木霉菌丝很快盖过猴头菇菌丝，说明这个猴头菇菌株的抗霉能力差或没有抗霉力。

13. 出菇试验

对引进或分离的同一品种的若干菌株进行出菇对比试验，必须在各级菌种的培养基成分、培养温度、培养时间及栽培条件基本一致的情况下进行。出菇试验可按菇类的常规栽培方法进行，数量可少一些。为使试验准确，每一菌株设 3~4 个重复，以避免试验的偶然性。在位置排放上尽可能按菌名的拉丁文排列，以相同的措施管理，在管理过程中对环境因子的变化、管理措施及生长历程、品种本身性状等要详细、全面记录。需要记载的内容为：

1）母种菌丝生长情况，如菌丝浓淡、生长快慢、菌苔韧性等。

2）原种、栽培种中的菌丝生长情况，如菌丝萌动、吃料、生长快慢；菌种表面有无菌皮或菌皮厚薄，白色颗粒状物有无或多少。

3）栽培阶段应记载：出菇快慢、菇生长密度；子实体的经济性状，包括菇的大小、色泽、圆整程度、转潮快慢；对水分的敏感程度；产量及产量分布；出口菇比例等。

通过对记载资料的分析，选出综合性状符合要求的菌株，供大面积生产或出售使用。

出菇试验因季节或其他原因推迟，可采用一种较简单的方法来弥补，即直接将接有各菌株并已发好菌的瓶（袋）装菌种，小心地敲破瓶颈或打开塑料袋口，使培养料外露，置于最适宜的温度、湿度条件下进行出菇管理，观察记载各项指标，最后进行评比，但这种方法的结果只能提供参考。

14. 栽培指标

采用一定的栽培规模，通过不同地区、不同原料、不同的栽培方式，进行多次反复栽培观察，详细记录、评比后，具有优质、高产、高

抗、高效和遗传性、稳定性强的菌株,才是优质和可推广的品种。其鉴定的内容、方法和指标有:

(1)吃料能力

将菌种接入最佳配方的原种培养料中,置于适宜的温度、湿度条件下培养,1周后观察种菇菌丝的生长情况,如果菌种块能很快萌发,并迅速向四周和培养料中生长伸展,则说明该品种的吃料能力强;反之,菌种块萌发后生长缓慢,迟迟不向四周的料层深处伸展,则表明该品种对培养料的适应能力差。对菌种吃料能力的测定,不仅用于对菌种本身的考核,同时还可以作为对培养料选择的一种手段。

(2)成活率

将菌种接在适宜的培养基上,若菌丝能很快恢复、定植和蔓延生长,成活率很高,是好的菌种;反之,接种后恢复慢、成活率不高,是质量差的菌种。

(3)出菇快慢

一般说,高温型的出菇快,低温型的出菇慢,中温型的介于两者之间。而以菇的质量来说,高温型的质量差,低温型的质量高。但在同一温型食用菌品种的不同菌株,其菌种接后若菌丝分解培养料能力强,培养前后培养料失重大,出菇快而多,总产量高,就是好菌种,否则为劣质菌种。

(4)菇峰间隔

在一个生产周期中,子实体发生可分数潮次。产菇最多时称菇峰,最低时称菇谷,每个菇峰和菇谷构成一个菇潮。凡菇潮多、间隔时间短,说明菌丝分解能力强,供子实体发生的养分积累多,因此转潮快,是好的菌种;反之,菇潮间隔时间长,或不明显,零星出菇,产量低,即为劣质菌种。

(5)干燥率

鲜菇经干制后干燥率高,说明转化率高,子实体含水分低,为优质菌种。

(6)生物学效率

生物学效率是指每 100 kg 干料可产多少千克鲜菇。生物学效率高,则菌种质量好,反之则为劣质菌种。

15. 经济指标

高产不一定高效,丰产不等于丰收。要占领市场,获得较高利润,还必须具备商品的要求,如产品的色、香、味、形、档次、上市时间、货架期和保质期等。凡是鲜菇上市时间早、产量高、品质好、档次高、含水量低,不易变色、变质、破碎、失重,无农药残毒、残臭,符合食品卫生标准和得到的利润高等,均表示经济指标高,则为优质菌株;而上市有效时间短,易变色、变味、变质,含水量高,失水严重,易破碎,利润低的菌种均为劣质菌种。

16. 化学指标

通过各种化验分析的方法,判断菌株可能具有某种或某些优良性状。这种方法目前只限用于新菌株选育时作为参照依据,其规律性还不明显。可参考的化学指标主要有:

(1)呼吸强度

采用呼吸仪,测定菌丝呼吸强度,测定氧消耗量和二氧化碳增长量,判断菌株呼吸强度与产量的关系。

(2)多酚氧化酶

通常多酚氧化酶含量高、活性强的菌株,一般是高产菌株。

(3)木质素酶和虫漆酶

一般各生长期木质素酶和虫漆酶的含量不同,相同条件下培养的同量菌丝含虫漆酶量高的菌株是好菌株。

(4)纤维素酶和半纤维素酶

相同条件下,在菌龄相同的菌株中这两种酶活性较高的产量较高。

(5)同工酶

以同工酶谱测定菌株的优良程度是目前食用菌菌株优良性状的检测指标之一,也是同一种类食用菌的不同菌株的鉴别方法之一。通过同工酶谱带的多少、宽窄、强弱,可以判断菌株之间遗传性状的相似程度和差异程度。同工酶谱与培养基基质成分、培养温度、pH值、环境条件有关系,可以作为一种综合性状的检测指标。

(四)猴头菇菌种退化原因及复壮措施

在猴头菇菌种传代过程中,常会出现优良性状消退的现象,如长势差、出菇迟、产量不高、质量不高等。菌种退化的原因有很多,可以归纳为菌种遗传物质的改变以及外界栽培生产环境的影响。可以根据不同菌种的特性及其种性退化的原因采取措施,进行菌种的提纯复壮,保证菌种的优良种性。

1. 菌种退化的原因

菌种遗传物质发生变异或分离可以造成菌种退化。许多食用菌是容易杂交的,而现在的菌种又多是杂合性的,即它的细胞核是杂合的,在遗传性上会出现分离。另外,菌种可能被病毒感染,也会改变菌种的遗传特性。

在人工培养条件下,由于培养条件不适合,包括营养、温度、湿度、pH值、杂菌感染等,不能满足菌种的生活要求,使食用菌失去自我调节的能力,以致暂时失去正常的生理功能,不能表现优良种性。

某一菌株转接次数过多,随着培养和使用时间的延长,个体的菌龄越来越大,新陈代谢功能逐渐减低,失去抗逆能力,或失去高产性状,以致失去其使用价值。

2. 菌种复壮的措施

(1)改变培养基配方

在菌种的培养、继代过程中,配制营养成分适宜的培养基,使其生长健壮,每隔一定时期,注意调换不同成分的培养基(改变、调整、增加某种碳源、氮源或矿物质元素等),对于木腐型食用菌,也可以直接转到椴木上去,并给予适宜的环境条件。此法对因营养基质不适的衰老菌种有一定的复壮作用。

(2)定期组织分离

将原有的优质菌株,通过一定数量的栽培,然后对不同菌株从长势、出菇、产量、生物效率等方面进行对比,挑选出性状稳定、无劣势变异、具有该品种典型特征的七八分成熟的菇,进行组织分离培养,待菌丝长至一定长度,挑取菌丝的尖端部位接入斜面试管,即可作为继代母种供生产使用。

(3)经常分离纯化菌种

要有计划地把无性繁殖和有性繁殖的方法交替使用,反复进行无性繁殖,菌种会不断衰退,而经有性繁殖所产生的孢子是猴头菇生活史的起点,具有丰富的遗传特性,因此必须定期进行菌株的单孢分离筛选,从中优选出具有该品种原来优良性状的新菌株,逐渐替代旧菌株,这样就可以不断地使该品种得到恢复,长期使用。

3. 污染菌种的纯化

菌种在分离、保藏和生产过程中,极易遭到杂菌污染,因此,必须对染有杂菌的菌种进行提纯,方能用于生产,根据污染的类型和程度,需采用不同的纯化措施[1]。

(1)排除细菌或酵母菌污染

在菌种培养中,用肉眼仔细观察培养基表面,不难发现被细菌或酵母菌污染的分离物常会出现黏稠状的菌落。取被纯化物接种在无冷凝水、硬度较高(琼脂用量2.3%~2.5%)的斜面上,再降低培养温度至15~20 ℃,利用某些大型真菌在较低的温度下菌丝生长速度比细菌蔓延速度快的特点,用尖细的接种针切割菌丝的前端,转接到新的试管斜面培养基中培养,连续2~3次就能获得所要的纯菌丝。也可打破试管,挑取内部长有基内菌丝的琼脂块,移至无冷凝水的培养基上,该法适于被好气性细菌污染的母种。

(2)排除霉菌污染

霉菌和细菌不同,它和猴头菌菌丝很相似,也有气生菌丝和基内菌丝。分离的方法主要是抑制杂菌生长,拉大猴头菌菌丝生长和杂菌菌丝生长的范围差,从猴头菌菌落前端切割,移植入新培养基。杂菌发现得越早,分离的成功率越大。严格地说,在斜面培养基上的非接种部位发现的白色菌丝,应认为是杂菌菌落,应马上提纯。若有色孢子已出现,一方面易使分生孢子飘散,另一方面其基内菌丝早已蔓延,可能和猴头菌菌丝混生在一起。如霉菌刚出现孢子且尚未成熟、变色,则可采用前端菌丝切割法提纯。转管时,先将菌丝接种在斜面尖端。当长满斜面后,及时将原接种点连同培养基一起挖掉;如果霉菌菌落颜色已深,说明孢子已成熟,稍一振动,孢子就会飘满培养基,若再行上法意义不大。如菌丝蔓延范围较大,将用0.2%升汞溶液或1%多菌灵处理过的湿滤纸块覆盖在霉菌的菌落上,可抑制霉菌生长,防止孢子扩散,随后用灭菌接种铲将表层铲掉,再用接种针钩取基内菌丝移入新的培养基,如此进行2~3次。

(3)限制培养

取直径为7~10 mm、高为4~6 mm的玻璃环或不锈钢环,经酒精灯火焰灼烧后,趁热放到斜面培养基中央,将环的一半嵌入培养基,然后将染有细菌的接种块放入环内进行培养。细菌生长会被限制在环内，而猴头菌菌丝则可越过环而长到环外的培养基上，转管后即可得到纯化。

（4）覆盖培养

在污染了细菌的猴头菌菌丝斜面上倾注一层厚约 2 mm 的培养基，培养一段时间后，当猴头菌菌丝透过培养基形成新的菌落时，即可切割转管。最好进行二次覆盖。

（5）基质菌丝纯化培养

对棉塞长有霉菌的试管斜面，可将试管打碎，取出培养基，用 0.1%升汞溶液浸泡 2 分钟，用无菌水淋洗，再用无菌滤纸吸干。取一段 2 cm 的培养基从中部切开，在断面上用无菌刀片切成米粒大小的块儿，移到新的斜面上进行培养。

（6）药物处理

菌种提纯时，可向培养基中注入选择性强的抗菌制剂，如加入 5~10 μg/kg 的多菌灵（MBC）、涕必灵（TBZ）或托布津等，可有效地防止菌霉混生；在每毫升培养基中加入 30~40 mg 链霉素，20~30 mg 四环素、金霉素或 50 mg 高锰酸钾，可以有效地防止细菌混生；加入灰黄霉素（20U/mL），可抑制真菌生长。

（7）破碎菌丝

从试管中取出已污染的培养基，放在 0.1%升汞溶液中处理 2 分钟，用无菌水冲洗，无菌纸吸干，再放入有玻璃珠的无菌水。经组织破碎，稀释后注入平板培养，取单个菌落纯化培养。

（五）猴头菇菌种保藏方法

菌种是重要的生物资源，也是猴头菇生产首要的生产资料。一个优质菌种，如果保藏不善，就会引起衰退，污染杂菌，甚至死亡，给生产带来严重的损失。菌种保藏可以保持优质菌种的生活力和遗传性状,降低菌种的衰亡程度,确保菌种为纯培养,防止杂菌和螨类的污染。

菌种保藏的原理是利用干燥、低温和缺氧等环境条件降低孢子或菌丝的代谢活动,遏制其繁殖,减少其变异,使之处于休眠状态,达到保持菌种原有优良性状的目的。常见的菌种保藏方法有斜面低温保藏法、自然基质保藏法、液状石蜡保藏法、超低温液氮保藏、孢子滤纸条保藏法、沙土管保藏法、冷冻低温保藏法等。

1. 斜面低温保藏法

该法是常用的最简便的菌种保藏法,只需冰箱即可,大部分菌种都可采用此法进行保藏。将需要保藏的菌种接种在适宜的斜面培养基上。适温培养,当菌丝健壮地长满斜面时取出,放在 0~5 ℃ 冰箱、冰柜中保藏,每隔 4~6 个月时间移植转管一次。保藏时,若用棉塞,可用干净牛皮纸包扎棉塞,防止霉菌通过棉塞进入管内。为防止菌种在保存过程中积累过多的酸,在配制保存母种培养基时,添加 0.2%磷酸二氢钾或 0.02%碳酸钙,能对培养基 pH 值的变化起缓冲作用。

用该法保藏菌种的缺点是试管里的培养基容易失水干缩,保藏时间较短,每隔一段时间就得转管,转管次数多,菌种性状容易退化。因此,为延长保藏时间,可采用下列措施:①为减少培养基水分的散失,可将试管棉塞齐管口处剪平,用石蜡烫封管口,或用微孔胶塞代替棉塞以延长保藏时间;②加大琼脂的用量,也可减少水分的蒸发;③菌株若长期使用某一培养基,菌种的优良性状容易退化,应调整斜面培养基的配方,采用营养丰富和营养不太丰富的培养基配方轮换转管,特别是天然营养物的更换,能恢复菌丝活力,使菌丝健壮。低温保藏的菌种在使用前应提前取出,适温培养 12~24 小时,恢复活力后才能转接。

2. 自然基质保藏法

（1）麦粒保藏法

先将小麦过筛，除去杂物，再放入清水浸泡，使其吸足水分，浸水时间因气温而异，一般4~5月浸24小时，6~9月浸16小时，至麦粒露白发芽；捞出并用清水冲洗数次，沥干后置于沸水锅中煮沸3~5分钟捞出，此时麦芽膨大而无破裂。入清水冷至常温，沥去多余水分。将碳酸钙或石膏拌入熟麦粒（麦粒98%、碳酸钙或石膏粉2%），拌和均匀后装入试管，装量为试管长度的1/3，塞棉塞灭菌。麦粒结构紧实，热穿透作用慢，灭菌时间要适当加长。通常1.5 kg/cm^{3}压力下需要2~3小时。灭菌后试管基质冷却后接种，适温培养，待菌丝长满基质后用石蜡涂封棉塞，放入冰箱于0~5 ℃低温下保藏。2年左右转接一次。

麦粒菌种营养丰富、透气性好、发菌快，菌丝生长旺盛，接种简便，用种省，播种均匀，使用效果好，适合多数菌种保藏。

（2）木屑保藏法

配料为阔叶树木屑78%、麸皮或米糠20%、蔗糖1%、石膏粉1%，先将糖溶解于适量水中，其他原料进行混合，然后加入糖水拌匀，使料含水量达60%~65%。装管，擦净管口塞紧棉塞，用牛皮纸包扎管口后高压灭菌，1.5 kg/cm^{3}保持60分钟，冷却后接种，待长满菌丝后，用蜡封棉塞，置于低温下保存。

（3）液状石蜡保藏法

取化学纯的液状石蜡（要求不含水分）分装于三角瓶中，加棉塞并包纸，在1 kg/cm^{2}压力下灭菌2小时。灭菌后放入40 ℃恒温箱中，使其水分蒸发，或置于干燥器内数日除去水分，至液状石蜡完全透明为止。将处理好的液状石蜡移接在空白斜面上，于28~30 ℃下培养2~3天，证明无杂菌生长方可使用。

将需要保藏的菌种接试管斜面，适宜温度培养，待斜面长满菌丝后，用无菌操作的方法把液状石蜡用吸管注入试管，注入量以高出培养基斜面 1~1.5 cm 为准，塞上棉塞，用固体石蜡封口，直立于 4~15 ℃干燥处避光保藏。

这种保藏法要求试管直立放置，一般可 2~3 年转接一次。转管时，不必倒去石蜡，可直接用无菌接种针从斜面挑取一小块菌丝即可，菌丝块蘸有液状石蜡，培养后菌丝长势较弱，需要再转接 1 次才能恢复正常生长。

（4）超低温液氮保藏法

液氮超低温保藏是把菌种装在含有冷冻保护剂的安瓿瓶内，将该安瓿瓶放入液氮（-196 ℃）进行保藏，由于菌丝体处于-196 ℃，其代谢完全停止。该法保存期长，菌种不变异，是目前菌种保藏的最好方法，但需要价格昂贵的液氮罐设备，故此法不能广泛应用，国内仅有几家科研院所采用这种方法。

1）菌种制备

菌种在 PDA 培养基平板上于 22~24 ℃下培养 10~15 天，菌丝体充分生长后，用无菌打孔器（直径 2~4 mm）打成小孔，或用接种针把菌丝培养物切成 2 mm × 4 mm 长方形小块。也可用液体振荡培养的菌丝球或用麦粒菌种。

2）安瓿管的制备

制作安瓿管的玻璃要能经温度突变而不破裂，如用火焰熔封管口，因此一般采用硼硅玻璃。管的大小根据需要确定。将选好的安瓿管用印油书写保藏的食用菌菌种编号于管壁上，然后放入 160 ℃烘箱烘干，使印记牢固印在管壁上。每管加 10%的甘油水溶液做保护剂，加量为每安瓿管上留有 5~10 mm 的空间，用无菌注射器从管底注入，以防产生气泡。加入保护剂的安瓿管塞棉塞，于 121 ℃下高压灭菌 30 分钟。冷却后，用无菌接种针从安瓿管口放入 5~8 块菌种块，用火焰将安瓿管上部熔封，浸在水中检查有无漏气。

3）液氮保藏

将封口的安瓿管放在慢速冻结器内，以每分钟下降1 ℃的速度从0 ℃直降到-35 ℃，然后保藏在-196~-150 ℃液氮冷箱中。如果降温速度过快，由于细胞内自由水来不及渗出胞外，就会形成冰晶，导致损伤细胞。

4）恢复培养

如果拟取用液氮保存的菌种，可将安瓿管取出后立即放入35~40 ℃的温水中迅速解冻，为了防止污染，用75%酒精洗安瓿管表面，表面干燥后，用火焰烧过的剪刀把安瓿管的一端剪开，用无菌接种针把菌块移接至PDA培养基上，置于22~24 ℃的温度下培养。

参考文献

[1] 王世东. 无公害农产品高效生产技术丛书——食用菌[M]. 北京：中国农业大学出版社，2005，96-107.

第四章　国内猴头菇栽培的主要模式

目前国内栽培猴头菇有很多种模式，菇农可根据自身条件，利用现有设施，因地制宜地进行猴头菇生产。

（一）墙式摆袋出菇

我国北方春季平均温度为 7 ℃左右、最低温度为 0 ℃以上，秋季平均温度为 17 ℃左右、最高温度为 28 ℃以下时，即可摆袋。袋栽猴头菇可选择不同规格的聚丙烯塑料袋或聚乙烯塑料袋，如 17 cm × 32 cm × 0.045 cm 规格的袋一头出菇，15 cm × 35 cm × 0.045 cm 的袋两头出菇，也可采用 15 cm × 55 cm × 0.045 cm 的香菇袋中间打穴、接种、出菇。装袋不宜太松也不宜太紧，两头出菇菌袋可采用单排堆叠的方式，排 6~8 层，排与排之间留走道。摆袋方式采用卧式立体摆放，在摆袋处垫砖，将袋卧放在垫有砖块的地面上。由于猴头菇子实体较大，为防止相邻的子实体接触联结，导致菇形不好、不易采收等，摆袋时，上下层袋口（出菇口）反向排列，或相邻菌袋出菇口反向设置[1]。

根据大棚的通风条件，垛高 3~10 层，每垛间距 70 cm，大棚中间主过道为 1 m。当菌袋摆放层数在 5 层以上时，为防止菌袋滑动或倒塌，在每一垛"袋墙"的两端设置一立柱固定菌袋；为防止因摆放层数多而使菌袋内积聚热量多、造成"烧袋"，层与层之间用两根细木棍、细竹竿等隔开。这样，400 m² 的大棚可摆袋近 3 万袋。将发满菌并经后熟的菌袋两端的系绳解开，割去袋口多余的薄膜并保留袋口折痕,或去掉套环盖,以使猴头菇有个出菇的口子,并改善菌袋内的通气条件,这是因为袋口太长会形成长柄猴头菇。

猴头菇的小塑料袋栽培,一般采用室内墙式叠放。采用小袋栽培猴头菇,子实体的形成、生长需要有一个长菇的口子和良好的空气。小袋栽培子实体从袋口长出,因此要把袋口做成瓶口状。

猴头菇短袋栽培采用网格墙式摆放,可以增加摆放的空间密度,便于出菇管理。网格式摆放,增加了袋与袋之间的间隙,可以避免开袋后出现高温烧菌和子实体畸形。以网格支撑,可以避免出菇后子实体重量增加而导致的菌墙倒塌。

(二)吊袋出菇

吊架搭建:吊袋出菇是将菌袋用绳串联起来或挂在吊挂架上,整串或整架悬挂在菇棚内横杆或弧形梁上出菇。吊架制作方法是:先在菇房顶部 2 cm 处排放横杆,相距 1.2 m 放一根,一排一排地排放,作为悬挂菌袋的横杆。或者采用“一宽一窄”横杆放置法,即相距 1.2 m 放一根横杆后,相距 50 cm 再放一根。横杆要粗、结实,间隔 1 m 左右直立一根立柱,以增强横杆的承受力,常用钢筋水泥混凝土柱做横杆及立柱。要使整个支撑架牢固,吊上菌袋后不会倒塌,还要在四周立斜杆支撑吊架。

吊袋方法:选择无风天吊袋,先将菌袋在消毒液中浸一下,进行表面消毒,然后在菌袋上的原基发生部位用刀片开两个“V”或“十”字形口或“一”字形口,两个口要上下错开,对面开口,口边长 2 cm 左右,注意不要损伤原基。开口后的菌袋用尼龙绳或铁丝系住袋口,成串吊挂在出菇场内的横杆上。2 m 高的菇棚每串可吊挂 8~10 袋,相邻串之间的间隔不少于 20 cm,下端离地面 50 cm 左右[1]。

(三)层架出菇

室内摆放层架,层架外柱高 2.2 m,内柱高 2.4 m,上下分 5 层,底层距离地面 15 cm，顶层外边离棚顶 30 cm，内边离棚顶 50 cm，架与架之间距离 35 cm，床架宽 90 cm，刚好排两袋猴头菇菌袋。床架立柱与立柱之间距离 1.3~1.5 m，不能太宽。两个床架之间的走道宽 70~80 cm（图 4.1）。

图 4.1　层架出菇

设施大棚在猴头菇栽培中已广泛应用。菇棚长 46 m、宽 5 m、高 2.7 m，肩高 1.8 m。棚架用钢管或竹片制作，呈弧形。将长 100 m、宽 6 m、厚 0.008 cm 的薄膜分成两块，盖在棚顶，然后盖上宽 8 m、长 50 m 的双层遮阳网，用大棚带固定，棚顶搭建平网荫棚。大棚建好后，四周挖沟排水。层架采用竹木或镀锌方管，柱高 2 m、宽 1 m，层高 0.3 m，立柱间距为 1.5~2 m，每个大棚搭建 2 排，棚架边距 0.85 m，中间过道 1.2 m。栽培场地在使用前要严格消毒，特别是老的栽培场地，更要注意做好消毒工作，否则易感染杂菌而导致栽培失败。栽培前首先搞好周围环境卫生，将层架用塑料薄膜罩密，而后用消毒剂进行熏蒸消毒，无法采取熏蒸消毒的场地可在栽培场地上撒石灰粉或喷洒消毒剂，同时喷洒杀虫、杀螨剂。对多年使用的层架还要用石灰水、漂白粉水溶液进行清洗。

菌棒进入菇棚进行上架排场时,要将接种穴的菌种块挖除,以便诱导菌棒定向整齐出菇。将菌棒放在菇棚层架上,菌棒横放,每袋之间距离 3~5 cm。排场时要求接种穴朝下,因为:①猴头菇的菌刺有明显的"向地性",子实体向下生长就会使菌刺生长整齐,使子实体拥有良好的外观;②有利于提高子实体周围的空气湿度,使子实体处于一个比较适合生长的空气湿度之中,有利于提高产量,减少畸形菇发生;③避免阳光直射,有利于子实体色泽洁白。

层架栽培的空间利用率高,每亩可放菌棒 30 000~40 000 袋,管理方便,适合规模较大的生产,但顶层的菌棒环境湿度较低,易形成光头菇和萎缩菇。层架栽培一般可采收 3 潮菇,以头 1~2 潮产量高,占总产量的 80%。整个出菇期,在正常气温条件下,60~70 天结束[1]。

(四)椴木栽培

椴木栽培猴头菇仅限于一些山区和林区。林木资源丰富的地区,可以采用椴木法来栽培猴头菇。此方法的优势在于不需要菇棚、设备的投入,也不用进行配料、装袋、灭菌等一系列烦琐的工作。只需要砍树、锯段、点菌和排场,而且是一年种上多年收获。

1. 椴木的选择与加工

凡是能够生产黑木耳的树种均可以生产猴头菇,但仍以栓皮栎和青冈栎为最好。生产中,一般选择直径为 10 cm 的桦栎树做菇木,冬至至立春前将树砍倒,停 2~3 天,让其散失水分,再把树枝剔去,锯成 1 m 长的段,运到栽培场。

2. 人工点菌、打眼

用打眼器、手钻或打眼机,在椴木上按"品"字形打眼,穴距 10 cm,行距 6 cm,通常直径 10 cm 的椴木可打 3 行。每个穴深 1~1.5 cm,两端可打得密一些。打眼前,应将打眼器用 5%的来苏水擦拭。点菌:一般气温稳定在 5 ℃时就可点菌,每年的农历春分到谷雨节气最适宜点菌。点菌时将用具和手消毒,然后取一小块菌种塞入打好的眼,填至八分满,用小木盖(打眼冲出的木盖弃去木质部)盖住,再用锤轻轻打平塞牢,切忌用力过猛将菌种挤出。

3. 上堆发菌

选择一个避风向阳的场所,将其打扫干净,放上数根枕木,将菇木摆在枕木上,菇木间稍留空隙,每层菇木垂直交叉排成"井"字形,堆高 1 m,上面用塑料薄膜或草帘覆盖。一星期后应经常通风换气,两星期后应每天通风一次,并随着温度的升高和通风,每隔 2~3 天洒一次水。每星期要将菇木上下、左右、内外调换位置,使菇木发菌均匀,平衡增产。上堆 20 天左右,若菌种表面有白色薄膜,菌丝向四周延伸,有些已伸向木质部,这就证明菌丝体已定植成活了。

4. 散堆排场

上堆发菌 20 多天的菇木就可散堆排场。排场的目的是使菇木适应自然环境,促使猴头菇子实体提早形成。排场的地点应选在避风向阳的缓坡地,或排水良好的沙壤土平地上。菇木按平铺式或复瓦式排在地上,每星期要将菇木上下、左右翻动一次。应根据天气情况适当增加喷水次数和喷水量,保证菇场适宜的空气湿度。

5. 起架及管理

把长好菌丝并有部分出现子实体原基的菇木搭成"人"字架,置于荫棚下,形成三分光照、七分遮阴。要根据自然降水的情况决定喷水次数,但一定形成"六湿四干"即"干湿交替"的情形。为了使菇木受潮均匀,要做到五(天)翻十(天)倒杆,使其菇木通身出菇。进入冬季后,应将菇堆积起来或平甭于地面,待来年春季重新起架管理,可连续 3 年以上采菇。

(五)覆土栽培

覆土栽培猴头菇的优点主要是:①子实体明显增大,畸形率显著下降;②增产显著,该法所产鲜菇比常规法出菇产量增加50%左右,生物学效率最高可达130%;③品质提高,优质商业菇所占比例明显提高;④极少污染,特别是出过两潮后的猴头菇菌棒,传统出菇法菌棒后期都会有霉菌污染,而采用覆土栽培,菌棒后期污染率也很低。

覆土栽培猴头菇,前期制作栽培袋、灭菌、接种、发菌管理等操作都和层架出菇管理操作一致,但对出菇场地有所要求。

先对覆土场所进行整地清理,清除杂物,把表土集中堆放做覆土用土;然后要挖沟做畦,畦宽80~100 cm,深25~30 cm,长度视场地而定,畦地要拍平,四周要开好排水沟。

猴头菇不同于香菇,不待菌丝长满菌棒就要排场。一般在接种后的25~30天,菌丝已长满2/3以上,接种口已有原基出现,就应及时将菌棒排场,先割去菌棒底部的塑料膜,然后去除菌棒塑料袋露出培养料5 cm左右;将处理好的菌棒直立排放在畦床上,菌棒之间保持4~5 cm的距离,然后用细碎的沙土或富含腐殖质的山土、表土填实,覆土后随即喷水,每次喷水每平方米不超过1 kg,以土粒用手能捏扁、且有少许泥胶黏手为宜(以后直至出菇结束,覆土层湿度基本保持满足这个要求),每畦用小竹片加盖小拱膜保湿。温度保持在16~23 ℃,注意保湿、通风,一般覆土定植后7~10天,菌丝即纽结成原基,13~15天原基可陆续长出土面,20天左右原基分化,这阶段每天要把畦床上的薄膜底脚揭开,每天通风2~3次,每次通20~30分钟,如覆土发白,可结合揭膜进行喷水,喷水量以覆土含水量25%左右,土粒无白心为宜。

子实体原基发生后,在温湿度适宜的情况下,一般6~8天就分化菌刺,当菌刺长到1~1.5 cm长,尚未弹射孢子时要及时采收,采后2~3天内停水,大约3天后在剪口处就会长满白色愈合组织,并逐渐长大。此时继续进行出菇管理,一般可采收 2~3 潮菇。

(六)工厂化栽培

工厂化栽培猴头菇常常采用瓶栽的方法,方便机器进行自动化装料接种操作,与袋栽猴头菇相比,瓶栽生产栽培的猴头菇,鲜品朵形外观好看,更加整齐,瓶栽的生产周期比金针菇还要早 10 天完成,而且瓶栽猴头菇比袋栽的菇更好销售。目前,国内常选用口径为 3 cm、容积为 750 mL 的普通菌种瓶,采用该瓶在装料时注意培养料要装至瓶颈以上距离瓶口 2~2.5 cm 处,不能装得太浅,否则容易形成长柄猴头菇,降低可食用部分的比例,猴头菇对通气有要求,子实体裸露在空气中才能形态圆整。装好的菌种瓶将培养料压实平整,在中部打孔至瓶身中下部。猴头菇原基分化早,常常在菌丝刚长满 1/4 时就会有幼蕾发生,所以瓶栽接种时采用两点法,现将一块菌种沿事先打好的接种穴送入菌种瓶底部,然后再将一块较大的菌种固定在培养料表面,使得上下同时发菌。

猴头菇工厂化生产对场地环境、厂房要求、菌种制作、栽培管理、子实体采收和病虫害防治等有特殊要求。

1. 场地环境

由于食用菌是微生物,极易受到外界的侵染,所以生产场地的环境以及卫生要求应符合《NY5358-2007 无公害食品 食用菌产地环境条件》的要求,来确保食用菌的生产安全。

2. 厂房要求

(1)厂区布局

猴头菇工厂化生产为了避免杂菌污染,对环境有可控性,创造适宜猴头菇生长出菇的良好环境,应采用封闭式厂房,选材应具有保温、防水、防湿性。

生产厂区的划分依据《NY/T 2375-2013 食用菌生产技术规范》标准制订。猴头菇生产中涉及原料堆场、仓库、拌料区、装瓶（袋）区、灭菌区、接种区、培养区、出菇区、包装区、锅炉房、办公室等，这些厂房的建造从布局、结构和功能上要满足猴头菇栽培生产的基本需要。根据自身日生产量和品种需要合理设计布局。

接种区：食用菌属于微生物，接种时必须按无菌操作的要求进行，因此对接种区环境要求较高。接种区的墙壁、地面应易于清理，光滑、无死角，目前，条件好的企业多采用环氧树脂等无尘材料。接种时，由于有栽培种传输至外操作区域，所以室内必须保持一定的正压状态，最好配有缓冲间。接种室必须安装紫外灯或臭氧发生器，对室内定期进行消毒、杀菌，紫外灯安装时要注意角度和安装位置，使接种室消毒均匀周到，条件允许时可安装高效空气过滤净化设备、风淋、层流罩等净化装置，创造良好的接种环境（图 4.2）。

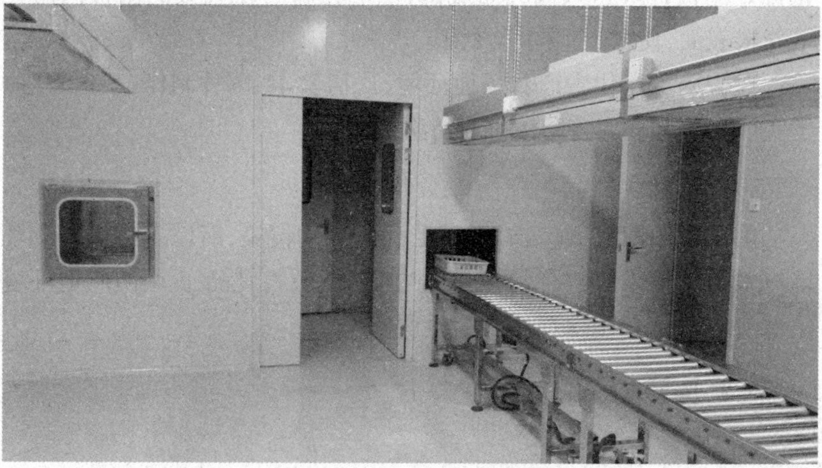

图 4.2　无菌接种生产车间

培养区：培养区应具备加热和降温设备，保证猴头菇菌种一年四季都能正常发菌。同时还应配备通风换气设备，及时排出养菌期间积累的二氧化碳。培养区要摆放床架,根据培养区空间的大小合理放置,床架材质应结实、耐用、防潮,目前多采用角钢或竹木材质。

出菇区:猴头菇出菇期间,要求环境的相对湿度在 80%以上,有一定的散射光,因此,出菇区除应具有控温设备、通风换气设备外,还应配置加湿设备和照明装置保证出菇区域有适宜的湿度和光照,菇房的墙体建设应做好防潮处理,照明装置要防潮。出菇区内可摆放网格架或床架来放置菌棒,架子中间留一定宽度的走道以方便作业。

(2)厂区洁净度要求

食用菌工厂化栽培,生产区域不同,对洁净度要求不同,洁净度的等级要求主要依据目前食用菌工厂化企业普遍采用的标准。原料堆场、仓库和拌料区属于污染区,灰尘杂菌较多,生产作业时需增加防尘喷淋设施,减少污染,要远离无菌区。装瓶(袋)区通常会放置成套的自动化装瓶(袋)设备,灭菌区配备高压灭菌柜组,因此占地空间较大,应具备较为宽敞的面积和良好的通风环境,对环境的洁净度一般无特殊要求。培养区、出菇区和包装区要求无杂菌污染,对空气洁净度要求较高,洁净度一般在百万级。接种区洁净度要求最高,为无菌区,洁净度为 1 万级,实施接种操作的区域达到 100 级。有菌区与无菌区之间应做好隔离措施,污染区要远离无菌区域。

(3)主要生产设备

食用菌工厂化栽培,主要依靠先进的自动化机械代替人工劳动,因此,应配备基本的生产设备,主要包括调温设备,加湿、喷雾设备,补光灯和通风换气设备,用来调节发菌室和出菇室的环境;同时还应配置拌料机、装瓶(袋)机(图 4.3)、灭菌柜(锅)、接种机等主要生产设备,灭菌柜(锅)应使用经政府有关部门检验合格,符合国家压力容器标准的产品。

图 4.3 自动装袋机器

3. 菌种制作

(1)菌种要求

菌种是生产的关键因素,菌种的质量直接影响到猴头菇的生长性状和商品性状等。依据《NY/T 528-2010 食用菌菌种生产规程》,可知影响菌种质量一般包括 3 个方面:自身的遗传性状、菌种繁育质量和保藏条件。

遗传稳定性:由于食用菌菌种繁育属于无性繁殖,且在生产过程中传代次数较多(一般为 3~4 代),在传代过程中微量变异观察较为困难,所以猴头菇菌种要求遗传稳定性优。猴头菇属于木腐生菌,生长速度较慢,属于中低温菌类,所以要求有较强的抗杂抗污能力。猴头菇的工厂化生产不受季节限制,菌丝要整齐粗壮,菌龄适宜,无污染,菌种繁育完成后,如不能及时利用,须低温保藏,降低菌种活性,延缓菌种衰老。

(2)培养料配制

栽培猴头菇的基质原料选择多样,一般可选用木屑、棉籽壳、玉米芯、麸皮等农业废弃物。将培养料按配方比例称取,混合均匀、加水搅拌,培养料的含水量在60%~65%,将培养料装袋制成栽培袋。装袋时应注意保证填料紧实,料袋与袋壁之间不留间隙。

装好的栽培袋要进行灭菌,工厂化灭菌通常采用124 ℃高压灭菌2.5~3小时,灭菌完成后将栽培袋移入冷却室,待冷却至25 ℃以下时就可以进行接种。

对培养料的规定,要求按照《NY 5099-2002 无公害食用菌栽培基质安全技术要求》选用。生产用水要严格遵守《GB 5749-2006 生活饮用水卫生标准》。

培养料混合后的含水量应控制在一定范围内,含水量较低,主要影响猴头菇的产量;含水量过高,主要影响料内氧气供给,污染率较高。须特别注意的是:猴头菇系酸性菌类,在偏酸性条件下生长良好,培养料的pH值在灭菌前为5~7.0,灭菌后pH值为4.5~6.0。猴头菇不耐碱,当pH值大于7.5时,不仅菌丝生长受阻,而且原基也难以分化,生产中严禁加入生石灰。

(3)装瓶(袋)要求

培养料在装瓶(袋)前,必须混合均匀,否则容易产生干湿料不均、营养成分不均等现象。干湿料不均直接影响灭菌效果,营养成分不均直接影响猴头的质量与产量。

猴头菇工厂化生产,装瓶(袋)一般采用机械法,料袋规格在幅宽14~18 cm、长24~55 cm、厚0.004~0.005 cm,料袋的基质主要考虑其耐受温度。如果菌袋采取常压灭菌,料袋要使用能耐120 ℃高温的聚乙烯塑料袋;如果菌袋采取高压灭菌,料袋要使用能耐126 ℃高温以上的聚丙烯塑料袋。栽培瓶规格为850~1400 mL,口径为6~8 cm,需耐高温、高压。装瓶(袋)松紧适宜,既要保证足够的营养,还需保证较好的空气交换。

（4）灭菌、接种、培养要求

参照《NY/T 528-2002 食用菌菌种生产规程》。

灭菌：猴头菇栽培瓶（袋）的灭菌既需要一定的温度和时间，根据微生物无菌检测，采用常压灭菌时，料面达到100 ℃后维持10~12小时，停止加热后，保持密闭12小时；采用高压灭菌时，压力维持在0.15 ~0.17 MPa，恒压维持4小时，停止加热后，保持密闭12小时；这样可使培养料灭菌彻底。

接种：灭菌完成后，当料面温度降至60~70 ℃时出锅，在此温度下短距离运输可以有效降低污染。然后，瓶（袋）进入经过空间消毒的冷却室进行冷却，当料面降至30 ℃时可以接种。若料温较高，容易导致菌种块烧菌而失去活性。接种时要严格按照无菌操作进行。

培养：接种后的瓶袋进入洁净的培养区进行培养。培养发菌期间，避光培养，光线过强抑制菌丝生长；培养区要保持恒温控制，温度在24~26 ℃，促进菌丝的快速萌动及生长，降低污染；做好通风管理，根据猴头菇菌丝的生长量来控制通风量，确保空气清新；做好相对湿度的管理，湿度过大，容易产生污染，湿度过小，料面失水严重，影响产量。培养期间要定期翻动：①可平衡温度；②翻动可增加瓶（袋）内氧气，发菌快；③可检查有无污染，发现污染及时处理。

4. 栽培管理

催蕾：当菌丝长满袋（瓶）口时，应将菌袋（瓶）倒入出菇室进行出菇。出菇区域应预先进行消毒杀菌处理，料袋先剪口，瓶栽则揭开瓶盖，向地面和空中喷水，加强通风换气。

5. 子实体采收

采收期：猴头菇从菌蕾出现，到子实体成熟，一般10~12天大小基本长足。猴头菇有一定的苦味，与采收时间有关。当菌刺长度在

0.5~1 cm，此时菇体鲜重达到最大值，微苦，适宜鲜食。当菌刺伸长到1 cm以上时，苦味较重，适宜药用。无论鲜食和药用均应在未弹射孢子前及时采收。

6. 病虫害防治

猴头菇工厂化栽培病虫害的防治本着“预防为主，综合防治”的原则，应采取以生态防治、物理防治为主，化学防治为辅，杜绝或减少病虫害入侵的机会，把病虫基数降低到最低限度。其中生态防治、物理防治是我们大力倡导的防治方法，而化学防治是最为有效的防治方法。这就需要生产单位结合实际情况，科学安排。在使用化学药品防治时要遵循 GB 4285、GB/T 8321 等标准。由于农药的使用，在出菇期间子实体药害情况不太明确，残留问题也很复杂，要求在出菇期间严禁用药。

参考文献

[1] 黄良水. 猴头菇生产加工与烹饪[M]. 北京：中国农业出版社，2017，64-68.

第五章　猴头菇病虫害的防治

猴头菇一旦发生了病虫害，即使能采取一定的措施及时将病虫害控制住，但也已经对子实体的产量和品质造成了一定的影响，并且增加了人力、物力和时间等成本，得到的效果也不理想。所以，最好在猴头菇发病之前做好预防，使用一定的方法防止病虫害发生，才可以达到事半功倍、一劳永逸的效果。此外，猴头菇病虫害的防治方法都有一定的局限性，仅仅采取某一种方法可能并不能很好地解决病虫害问题，常常需要依据病虫害的实际情况，采用多种方法相互协调促进，才能达到很好的疗效。因此，猴头菇病虫害的防治方法与其他农作物病虫害防治一样，都应该遵循“预防为主、综合防治”的方针。所谓的综合防治就是要把农业防治、物理防治、化学防治、生物防治等多种有效可行的防治措施联合起来进行应用配合，形成一个完整有效、全面的防治体系，将猴头菇的病虫害问题控制在最小的范围内和最低的水平下[1]。

基本的综合防治方法如下：

1. 栽培生产环境卫生的综合防治

猴头菇栽培场所的选址和设计应该合理科学，栽培菇棚应远离牲畜饲养场、化工仓库等污染源和虫源；栽培场地的内外环境卫生要干净整洁，无杂草和各种废弃物。猴头菇发菌培养室和出菇场地应该采取在进出口的门窗处安装窗纱、防止蚊虫飞入等。种植人员进入菇房，特别是从已发生病虫害的污染区域进入未发生病害的区域时，要及时更换工作服，并且用来苏尔等消毒洗手。栽培菇房的进口处应该设置一个消毒池，种植人员在进入时要先进行消毒。在日常出菇管理中，如发现有污染物出现，要尽快科学及时处理[1]。

2. 生态防治

适宜良好的环境条件或许是造成猴头菇病虫害发生的一个很关键的诱导因素。当菇棚内的出菇栽培环境比较适合猴头菇的菌体生长时,常常导致菌丝体的生命力衰退减弱,从而给病虫害的入侵创造了合适的机会,遵循了“竞争生存、优胜劣汰”的原则。如猴头菇烂筒、死菇等均是由菌丝体或子实体生命力衰退减弱导致。所以,生产者应该依据猴头菇的生物学特性,选好生产季节,安排好进出棚时间,在猴头菇发菌和出菇的各个阶段,积极营造良好的生长环境与条件,在生产环节中应用合适的、符合其生理特性的办法,促进子实体的健壮发育,提高菇体抵抗病虫害的能力。并且,采用生命力强、抗逆性好、栽培性状及温度类型符合预期的品种;选用优质、适龄菌种、合理配方;改善出菇场地环境,创造有利于猴头菇生长而不利于病虫害发生的环境,以上这些措施都能达到预期的生态[1]。

3. 物理防治

采用物理的、非化学(农药)的防治手段,主要是针对不同病虫害各自发生的特性和幼虫的生活习性,采取措施,也能得到理想的效果。例如,可以在夜晚利用害虫趋光性的特点,用灯光来诱杀害虫;一些害虫对特定的食物、气味具有特殊嗜好,采取相应的措施诱杀;通常在高温高湿的环境下易发生链孢霉,如果把出菇环境的湿度控制在 70%以下、温度降低到 20 ℃以下,链孢霉的发病就会受到抑制,而在这个环境条件下,猴头菇的生长几乎不受影响。此外,常用的物理方法包括臭氧发生器、黄色粘虫板、防虫网[1]。

4. 生物防治

生物防治就是以虫治虫、以菌治虫、以菌治菌,应用特定的有益生物,抑制或杀死害虫或病菌,达到保护猴头菇正常生长的效果。这种方法的优点在于,有益生物对防治对象具有高选择和针对性,并且该方法对人和动物都安全,对环境无污染,没有副作用,同时对病虫害的抑制时间明显长于其他方法。生物防治的类型包括:①捕食类型。某些动物或昆虫是某种虫害的天敌,以该害虫为食物。例如,蜘蛛能够捕食菇蚊、蝇,而捕食螨则是某种线虫的天敌。②寄生类型。寄生指某种生物以其他生物(寄主)为食,还能破坏寄主的组织,并从中吸取营养。例如,苏云金芽孢杆菌和环形芽孢杆菌好似胃毒化学杀虫剂,对菇蚊类虫害有极高的致病能力。目前,常见的细菌农药包括苏云金杆菌(防治螨类、蝇蚊、线虫)、青虫菌等;真菌农药包括白僵菌、绿僵菌等。③拮抗类型。拮抗作用是指不同的微生物相互制约、彼此抵抗,从而相互抑制生长繁殖的现象。猴头菇选种环节,选用抗霉力、抗逆性强的菌株,就是在利用拮抗作用。④占领类型。灭菌后未接种的培养基很容易被杂菌污染,但是,当猴头菇菌丝体遍布料面,甚至完全"吃料"后,杂菌就很难发生。所以实际生产中可以采用加大菌种接种量、采用合理的接种方法,促使菌种尽快占领培养料,从而达到减少污染的目的[1]。

5. 化学农药防治

化学农药是在其他方法防治病虫害都没有效果后才采取的措施,尽量少用,特别是剧毒农药。由于大多数猴头菇的病原菌也是真菌,使用农药会使猴头菇也被药害,并且猴头菇子实体形成阶段时间短,成熟采摘的菇体内常常会残留部分农药,不易分解,影响食用人的健康。猴头菇栽培中发生病害时,要选用高效、低毒、残效期短的杀菌剂。如果是出菇期发生了虫害,应先将菇床上的猴头菇全部采收,选用一些残效期短,对人畜安全的植物性杀虫剂,如可用500~800倍的菊酯类农药防治眼蕈蚊、瘿蚊;用烟草浸出液稀释500倍喷洒防治跳虫[1]。

(一)常见病害及其防治

1. 链孢霉

链孢霉又称脉孢霉、红粉菌,其病害名称为红链孢霉病、红面包霉病、粉霉病。链孢霉是一种顽强、速生的气生霉菌。

症状:被污染的菌种,其棉塞和培养料面上,发病初期,有灰白色或黄白色纤细菌丝长出,呈棉絮状,短短几天后,链孢霉迅速繁殖,颜色变成橘红色或粉红色,呈粉状霉层,霉层蓬松,粉量多,并且明显高出料面,霉层的厚度可达 1 cm。链孢霉极易扩散传播,橙红色的霉呈团状或球状聚集在塑料袋外,稍有轻微的震动,便会漂浮到空气中扩散传播。链孢霉在高温高湿的条件下能迅速繁殖,短短 1~2 天内可将整个培养室传遍,造成整批菌种和培养料全部被污染销毁。如果是在猴头菇幼蕾形成期被侵染,则菌棒上不萌发正常的菇蕾,而是有大量畸形病菇发生,且比正常菇蕾的发生时间提前 3~4 天。

病原:链孢霉是半知菌亚门丝孢目链孢菌属真菌,多为红色链孢霉。分生孢子多呈红色或粉红色,卵圆形,成串生长于直立、二分叉的分生孢子梗上;菌丝的生长温度为 4~44 ℃,最适生长温度为 25~36 ℃。链孢霉的菌落早期为白色粉粒状,后期变成橙红色绒毛状,适宜条件下一个生活周期仅 2~3 天就可完成。链孢霉成熟后会产生大量的橙红色分生孢子,成团成块状存在,链孢霉的分生孢子生命力很顽强,耐高温,70 ℃湿热 5 分钟才会失去活力。链孢霉是空气中最常见的杂菌之一。

发病规律:链孢霉属于很典型的高温、好气性杂菌,其侵染对象主要是熟料菌种及培养料,通常不侵染生料和腐熟料,病害发生时间多在春末、夏初及初秋,气温低于 10 ℃以下时,很少或几乎不发生侵害。菌种培养室应降低空气湿度、增加通风,减少链孢霉的发生和传播。链孢霉平时能在多种有机物质上生长,潮湿的玉米芯、甘蔗渣、棉籽壳以及玉米秆等均可发生。应做好菌种生产室的卫生清洁工作,减少杂菌污染的发生。

防治方法:严格消毒菇房,高温堆制发酵培养料并进行后发酵处理,初期培养宜选择低温条件。接种培养料时严格进行无菌操作,对器械、工具、人手表面用碘附消毒液消毒。消毒菌包,出菇用菌包封口可采用塑料薄膜材质,如用棉塞进行封口,应控制好棉塞的湿度;如采用覆土栽培出菇,覆土材料在使用前5~6天用多菌灵消毒。覆土栽培初期若发生病害,立即停止喷水,加大通风,降低空气湿度,温度降低至15 ℃以下;一旦发病严重,更换新土,剔除病菇并烧毁。如果是在菌种培养室的局部发生链孢霉,迅速用大的塑料膜把被污染的菌包扎紧,拿到远离培养室的地方深埋或烧掉,降低培养室内的湿度,不要用喷雾器等药械直接向污染区域和培养室内喷射杀菌药,防止在喷射药物的同时引起分生孢子扩散,污染环境。

2. 木霉

木霉的侵染力广泛且发生普遍,危害严重。

症状:木霉在菌种制作和出菇栽培期间均可发生,在生料、熟料、发酵料、发菌出菇阶段都可能发生,常造成毁灭性的传染。木霉菌丝的生长周期很短,一周内即可生理成熟,而后长出绿色孢子霉层。培养料早期被侵染后,只是点状或斑块状,不容易被察觉,条件适宜会很快繁殖成连片状,导致整个培养袋或料床被污染,此时若不及时采取措施,木霉孢子到处飞散,菇棚内短时间即可成一片绿色,并且四周的菇棚墙面上也将附着大量木霉孢子,给猴头菇生产造成毁灭性的打击。

病原:木霉是半知菌门丝孢目木霉属真菌。木霉的生物形态、产孢细胞及分生孢子形态因种类不同而有所差异,木霉的分生孢子梗按照分枝形式可以分为4种:黏帚霉型、厚基孢型、轮枝菌型和木霉型。分生孢子为单细胞,无色、绿色、棕色或者浅灰色,壁光滑或有明显粗糙，一些种在外壁上有波纹状、瘤疱状或者翅形、亚球形、卵形、椭球形或短柱形突起。

发病规律：稻草、土壤、有机肥、朽木、枯枝、落叶植物残体上和空气中均有木霉。许多栽培的老菇房，带菌的菇具和场所是主要的初侵染源，已发病所产生的分生孢子可多次重复侵染。木霉发病率的高低与环境条件的关系较大，木霉孢子在 15~30 ℃、湿度 90%时萌发较高，菌丝体在 25~30 ℃时生长较快。在高温、高湿、通气不良和培养料呈偏酸性时，容易滋生木霉。

防治方法：制作栽培料时，可在拌料时加入 25%抑霉唑水乳剂 250~500 mg/kg，二次发酵灭菌，彻底杀死病菌。一旦发现木霉，及时用 25%抑霉唑水乳剂 1000 倍液喷洒或注射、涂抹污染区培养料和菌袋，严重污染的培养料或菌袋及时做深埋处理。

3. 青霉

症状：青霉发生初期，菌丝呈白色，粉末状，菌落圆形至不定形，常污染菌种、菌袋和培养料，孢子随之大量发生，菌落颜色由白色逐渐变成绿色或蓝色粉状菌斑，外围菌落带有一圈白色，1~2 mm。培养料面上覆盖一层膜状物，为老菌落，分泌毒素致猴头菇菌丝体坏死。制种过程中，如发生严重会导致菌种酸败销毁；发菌期发生较重，可致局部料面不出菇。幼菇被侵染发病，顶部会呈黄褐色直至枯萎，生长停止。

病原：产黄青霉，属半知菌亚门丝孢目青霉属真菌。

发病规律：青霉属病原菌分布广泛，多腐生或弱寄生，很多有机物上都有青霉存在，分生孢子通过气流带入培养料，进行初次传染。生料栽培时，带菌的原辅料初传染的主要来源，传染后会大量产生分生孢子，分生孢子再借气流、人工喷水和管理操作、昆虫进行再传染。青霉在高温条件下更容易繁殖扩散，其最适生长温度为 20~30 ℃，分生孢子随气流、土壤、肥料、枯枝落叶残体传播。酸性环境适宜青霉生长,菌袋及覆土材料呈酸性会加速青霉的繁殖。猴头菇子实体萌发初期,子实体发育不良会增加感染青霉的概率,采收后的料袋应及时清理残余的菇根等物质,避免青霉菌的污染。

防治方法:对猴头菇的生产、培养、发菌环境做好清理打扫工作,保持环境清洁卫生,增加空气流通,防止病害蔓延。子实体采收一潮菇后,及时清理菌袋残留,剔除菇根和弱菇。

4. 曲霉

曲霉广泛分布在自然环境中,种类很多,例如黄曲霉、黑曲霉等。不同品种的曲霉在培养基中生成的菌落颜色也不同,黑曲霉菌落为黑色,黄曲霉是黄色至黄绿色,烟曲霉是蓝绿色至烟绿色,亮白曲霉是乳白色,棒曲霉是蓝绿色,杂色曲霉是淡绿色、淡红至淡黄色。大多数的曲霉为淡绿色,很像青霉属。曲霉污染培养料后,很快生长蔓延,汲取营养和水分。同时,曲霉还会威胁人类的健康。黄曲霉能分泌一种致癌物质——黄曲霉素,其致癌性很强。当烟曲霉和黑曲霉产生高浓度的孢子时,会对人体构成威胁。

病原:曲霉是半知菌亚门丝孢目曲霉属真菌,其中,黄曲霉和黑曲霉的侵染性最强。曲霉菌丝有隔和分枝,菌丝长度短粗,菌丝特化使其厚壁膨大形成足细胞,上边着生分生孢子,顶端膨大成顶囊。单层或双层小梗由顶囊表面辐射状产生。小梗顶端着生分生孢子,形成不分枝的链。分生孢子头由顶囊、小梗和分生孢子链共同构成。不同颜色和形状的分生孢子是分类的依据之一,串生于小梗顶端。黄曲霉菌落在 PDA 培养基上呈黄绿色,后期变褐绿色,分生孢子球形,黄绿色。黑曲霉菌落初期为白色,后变为黑色,分生孢子球形,黑色。

发病规律:空气、土壤及腐败有机物上广泛存在曲霉,空气气流能传播分生孢子。含淀粉多的培养基,如谷粒培养基最容易受曲霉的污染。曲霉温度适应范围广泛,黑曲霉最适温度为 20~30 ℃,黄曲霉的最适温度为 25~30 ℃。

防治方法：搞好发菌室、出菇场所的环境卫生，控制污染源。培养料彻底灭菌，堆制暴晒木屑、秸秆料或灭菌。

5. 毛霉

菌种制作过程中常会受毛霉的侵染，侵染初期，菌种会有气生菌丝，灰白色、稀疏、粗壮。毛霉的菌丝快速生长，对淀粉的分解能力极强。被侵染的培养料表面形成稠密的菌丝垫，相互交织，抑制正常菌丝的生长。后期孢子囊从菌丝垫上长出，呈灰褐色、黄褐色至褐色的圆形小颗粒。被侵染的培养料长出稀疏的菌丝，灰白色，快速繁殖、成熟，很快生出黑色孢子。环境适宜的条件下，毛霉在 7 天内就能将全部菌袋侵染，使培养料变为黑色，导致菌种菌丝无法生长。

病原：毛霉是结合菌亚门毛霉目毛霉属真菌，常见种类包括大毛霉、刺状毛霉、总状毛霉和微小毛霉。毛霉的菌丝体在培养料上能迅速繁殖，没有假根和匍匐菌丝。马铃薯葡萄糖培养基上，毛霉菌落为松絮状，初期为白色，后期为黄色，有光泽，或浅黄色至褐灰色。菌丝体可直接长出孢囊梗，通常单生，分枝或较小不分枝，包括总状分枝和假轴分枝两种。球形孢子囊是由孢囊梗顶端膨大形成的，侧枝上着生的孢子囊较小，针状的草酸钙结晶附着在囊壁上，孢囊壁在成熟时消解。囊内包括囊轴和孢囊孢子。囊轴形状各异，有圆柱形、球形、梨形、卵形等。刺状毛霉的囊轴顶端有 1~5 个刺状突起。孢囊孢子为单孢，无线状条纹，无色，呈球形、椭圆形或其他形状，壁光滑而薄，菌丝体上着生接合子，配囊柄上无附属物。

发病规律：菌棒制作中常见毛霉的侵染，空气、土壤、陈旧稻草、粪便及堆肥上广泛存在，自然界分布极广泛，空气中浮有大量毛霉孢子，初侵染的主要途径是靠空气流传播毛霉孢子。毛霉适宜环境是高湿中温条件，如果菌种和培养料不彻底灭菌，并且发菌室湿度高，或菌种袋的封口棉塞受潮，很容易受到毛霉的侵染。已侵染的毛霉产生新的孢子，凭借空气流再次扩散传播。毛霉喜热，生长温度在20~50 ℃时适宜条件下旺盛生长，几天内就会将整个菇棚污染。

防治方法：保持发菌室、出菇室及其周围环境的卫生，采菇后的残留物及时清理，对污染物尽快隔离。彻底灭菌培养料，培养料如果堆制发酵，料温应在 65 ℃以上。发菌培养室要求通风良好、干燥。菌棒装料瓶口和袋口的封口避免受潮。堆制发酵料在制作过程中，不要喷洒生水或被雨水淋湿。

6. 黑根霉

黑根霉是菌种生产和栽培过程中常见的一种污染杂菌，发生普遍，危害也相当严重。

症状：猴头菇子实体在发病初期，菌斑色泽淡褐，侵染后期菌斑慢慢扩大，颜色变褐色、深褐色直至黑褐色，边缘不规则。

病原：黑根霉是结合菌亚门毛霉目葡枝根霉属真菌。雌雄异株，菌丝匍匐弧形，向四周蔓延，无色。通常在匍匐菌丝与基质物接触处会长出假根，假根非常发达，褐色，多枝。包囊梗初期灰白色，后变为黄褐色或褐色，直立，不分枝，孢子囊在梗顶形成，孢子囊初期黄白色，成熟后黑色，球形。孢子囊内囊轴明显，球形，基部与柄相连处形成囊托。孢囊孢子球形或近球形。

发病规律：黑根霉适应性强，寄主范围广，广泛分布于土壤、粪便、霉烂的谷物和面包等多种基质上。黑根霉的孢子从孢子囊释放，虽空气气流四处漂浮传播。黑根霉适宜生长条件是温度大于 25 ℃，湿度在 65%以上，pH 值为 4.0~6.5，在通风不良的环境条件下迅速生长繁殖。

防治方法：培养料要灭菌彻底，生料应进行高温堆制和二次发酵处理，彻底消除病菌。培养料上发生侵染，应及时通风干燥，调整室温在 20~22 ℃，等侵染菌被完全抑制后，再恢复正常管理[2-6]。

（二）常见虫害及其防治

1. 蛞蝓

蛞蝓又称软蛭、鼻涕虫，软体动物，是栽培猴头菇的常见虫害。

为害特点：蛞蝓能残食猴头菇子实体，子实体被咬食成缺刻或锯齿状，蛞蝓爬过或接触过的子实体有白色黏液质的痕迹，影响猴头菇的产量和品质。

形态特征：成体黄白色或灰暗色，有不明显的暗带或斑点，爬行时，体软无外壳，体长约 33 mm，触角 2 对，位于头部前端，暗黑色，体背前端有外套膜，边缘卷起，为体长的 1/3，内有一退化的壳，同心圆形，即生长线，同心圆形中心在外套膜后端偏右，腹足扁平。卵，白色透明，椭圆形，近孵化时色变深。幼体，初孵时体长为 2~2.5 mm，形状似成体，淡褐色。

生活习性：1 年发生 1 代，以幼体、成体在植物根部、稻草堆石下及其他阴暗潮湿处过冬，每年 4~6 月和 9~11 月是虫害高峰期，夏季气温升高，害虫活动随之减弱，秋季气候凉爽后，再次活动为害；爱好在潮湿阴暗的土缝空隙中产卵，成虫产卵期可达 3~5 个月，每隔 1~2 天产卵 1 次，每次产卵量 1~32 粒，排列堆成卵块，每个卵块含 10 多粒卵，每雌平均产卵量约 400 粒，卵历期 16~17 天，从孵化到成体需 50~60 天；蛞蝓能耐饥饿，怕光，爱好在夜间活动，强光照射下 2~3 小时即会死亡，天亮之前隐蔽；雌雄同体，潮湿阴暗的环境下容易发生蛞蝓害虫。

防治方法：搞好出菇房及周围环境的卫生，清除杂草、枯枝落叶。可在出菇房周围地面撒石灰粉来减少蛞蝓发生量。如果想要人工捕捉，可以选择在阴雨天或晚间进行人工杀灭捕捉。

2. 螨类

螨类害虫的破坏性较大，培养料和覆土料中常有成螨和幼螨藏匿，咬食猴头菇的菌丝，会使菌丝萎缩，危害严重时菌丝可被吃光。尘螨也可集群咬食子实体，导致子实体萎蔫、畸形直至腐烂。

形态特征：成螨，白色，体长为 0.5~0.7 mm，体形为卵圆形，体表光滑，有光泽，体宽为 0.27~0.29 mm，口器整状，身体表面有很多光滑的长刚毛，体背的横沟把身体分成前后两部分，4 对背毛不等长。有 4 对足，足胫节的末端有 1 个发达的匙状爪。

卵，乳白色，大小为 0.1~0.12 mm，长椭圆形。

幼螨，乳白色，体形似成螨，体长为 0.15 mm，有 3 对足。

生活习性：腐草、粪堆以及菇棚、菇房墙壁缝隙中都可能有成螨潜伏，可自体繁殖，种群繁殖速度很快，1 年繁殖多代，冬季的 11~12 月是为害的高峰期，翌年 3 月中下旬的温湿度合适时再次进入为害高峰期。活动的适宜温度在 20~23 ℃，14~21 天可繁殖 1 代。雌、雄一生可交配多次，每次可产卵 85~100 粒，15~17 ℃条件下，产卵期为 28~30 天，常常将卵产于子实体的菌刺中，产卵最适温度为 17~22 ℃，卵孵化的正常环境相对湿度应大于 70%。

防治方法：出菇前应对出菇场地进行内外打扫，做彻底消毒灭虫处理。选择的培养料应新鲜未污染，阻断螨类来源。培养料在做堆制发酵时，堆温升高到 60 ℃，维持 5~6 小时，最好进行二次发酵处理，有利于彻底杀灭基料内的螨类，也可释放人工饲养的捕食螨进行生物防治。

3. 小菌蚊

小菌蚊是双翅目菌蚊科黏菌蚊属，危害广泛。

为害特点：幼虫能够直接咬食猴头菌丝和子实体，通常聚集成群咬食为害，成群的幼虫在培养料的表面活动拉丝网，并将菌丝团罩住，导致菌丝停止生长而萎缩，使得培养料枯萎变黄、不出菇，小菌蚊类害虫会对猴头菇的产量和质量造成很大影响。

形态特征：成虫，雌性成虫的体长为 5~6 mm，雄性成虫的体长为

4.5~5.5 mm，头深褐色，紧贴于隆凸的胸下。体淡褐色，口器黄色，触角丝状，共 16 节，基节、柄节粗壮，其余各节逐渐变细，第 1~3 节为黄褐色，从第 4 节起逐渐变褐色；下颚须 4 节；复眼黑色，肾形，顶端逐步变窄，单眼 3 个，排成一字形，眼周围有黑圈。足基节长而扁，转节上有黑斑；胫节有 3 行排列不规则的褐刺，胫端有距；雄虫外生殖器有一对显著的铗状抱握器具，雌虫腹部末端有产卵管，产卵管尖细；胸部有褐色毛，背板向上隆凸呈半球形；前翅发达，长 3.8 mm，宽 1.6 mm，平衡棒为乳白色；腹部分为 7 节。

卵，椭圆形，乳白色，长约 1 mm。

幼虫，长筒形，灰白色，老熟时体长为 10~13 mm，腹部刺较多。头骨化为黄色，头的后缘有一条黑边，眼及口器的周围为黑色。体分为 12 节，前 3 节有时有黑色花纹，各节腹部有 2 排小刺。

蛹，长约 6 mm，乳白色，复眼褐色，头紧贴在隆凸的胸部，腹部 9 节，气门边缘有显著的黑斑。

生活习性：成虫喜好活动，有明显的趋光性，一生可交尾 1~7 次，羽化后当天即可交尾，幼虫有吐丝网和群居的习性；培养料、覆土的表面或者墙角常有老熟幼虫的白色枣核形丝茧，幼虫在茧内化蛹。适宜生长温度在 20~25 ℃，成虫寿命通常在 6~10 天，卵期 3~5 天，幼虫期为 12~16 天，蛹期为 2~7 天，约 28 天完成 1 代。

防治方法：出菇房的选择应避开虫源；及时清除出菇房内的废弃栽培棒，降低虫源数量；对袋栽培养料进行高温灭菌，采用药剂熏蒸消毒处理出菇房，杀死害虫，做好预防；菇房保持黑暗，门窗和通气孔安装纱网，阻止或切断成虫侵染菇房。成虫具有趋光性，可灭虫灯及黑光灯引诱杀死成虫；也可在出菇场所内悬挂黄色粘虫板捕杀成虫。

4. 黑腹果蝇

黑腹果蝇是双翅目果蝇科果蝇属，在猴头菇栽培上时常发生。

为害特点：幼虫常咬食猴头菇的菌丝和子实体，在基料上咬食菌丝，使得杂菌大量侵染，导致基料变黑、变黏而呈粉末状物，数量繁多，从而影响猴头菇菌丝正常生长和出菇，严重时导致子实体发黄萎缩，直至枯死，被侵害部位会出现水渍状腐烂，影响产量，造成菇农损失。

形态特征：成虫，雌性成虫体长约 2.1 mm，雄性成虫体长约 2.6 mm，腹部末端有黑色环纹围绕；身体黄褐色，复眼红色；雄性成虫的腹部末端尖细，腹节背板后缘有黑色横纹环绕，雌性成虫腹部末端钝圆，腹部末端也有黑色环纹围绕；雌性成虫前足跗节前端表面有黑色的性梳，而雄性成虫没有性梳。

卵，香蕉形，长约 0.5 mm，乳白色，卵壳背面的前端有一对隐约可见的触角。

幼虫，蛆形，乳白色，体长为 4~5 mm，头部不明显，无足。

蛹，初蛹为乳白色，椭圆形状，围蛹，后期变为黄褐色。

生活习性：腐熟的有机质能吸引黑腹果蝇成虫的觅食，嗜好在霉烂的发酵培养料上觅食和产卵，每次产卵 2~8 粒，所产的卵呈沙粒状分布，刚孵化的幼虫群集觅食，老熟幼虫取食范围扩大，常喜好在较干燥的地方或菌袋袋壁上化蛹。黑腹果蝇的适宜温度在 10~30 ℃产卵繁殖，15~20 ℃条件下，卵历期为 2~3 天，幼虫历期为 5~8 天，蛹期为 5~9 天。

防治方法：采用物理方法诱杀成虫，例如糖醋液；也可应用电子灭蝇器、高压静电灭虫灯等；在猴头菇出菇场所内挂黄色粘虫板诱杀成虫。生产过程中须密切留意出菇场所、培养料和菌袋上害虫的发生情况，也可选择安全、低毒、高效的药剂进行化学防治。

5. 跳虫类

为害特点：跳虫类害虫形体微小，食物来源广，破坏性强，取食猴头菇的菌丝和子实体，并且携带螨虫和病菌，容易造成菇床二次侵染，通常发生在夏秋的高温季节。跳虫喜好觅食菌丝，子实体形成后，跳虫群集咬食菌肉，造成菇体孔道、锈斑、排泄物污染子实体，引发细菌性病害；跳虫暴发时，菌丝被食尽，导致栽培失败。

形态特征：跳虫是一种低等昆虫，属不完全变态，只有卵、若虫、成虫 3 个发育阶段。成虫，灰白色或紫色，半透明，体长为 1~1.5 mm，无翅。前胸常退化。足细小，3 对。头部有单眼。触角与头约等长或略长。其最显著的特征是腹部腹面有特殊的附肢，第一腹节具黏管，第二腹节有握弹器，第四腹节具弹器，弹器短且末端呈圆形，因具弹器成虫弹跳自如。

卵，直径为 0.08~0.1 mm，白色，半透明状，球形。

若虫，与成虫形态相似，一般体长为 1 mm，足 3 对，柔软，细小，半透明，白色。

生活习性：跳虫类害虫的适宜环境是高温和潮湿的出菇环境，个体极小，不易被察觉，能浮在水面上运动，常群体发生；在环境温度达 15 ℃以上时，跳虫开始活动，南方 1 年发生 10 代左右，每年 3~11 月是跳虫繁殖旺盛期，成虫和幼虫均可取食为害，完成 1 代的时间为 30 天左右，每个雌性成虫产卵量一般达 100~800 粒。

6. 扁谷盗

扁谷盗属鞘翅目姬扁甲科，对猴头菇干品为害普遍。

为害特点：成虫和幼虫均可取食猴头菇子实体，使得猴头菇干品表面有大量的蛀食隧道和孔洞，常在子实体上产卵，被虫蛀的子实体外观可见明显的孔洞或缺刻，影响猴头菇的商品质量。

形态特征：身体赤褐色或黑褐色，有光泽；体长为 1.5~2.5 mm，头部唇基前缘弧形，复眼黑色，突出呈圆形；触角 11 节，丝状细长，鞘翅长约为宽的 1.5 倍；足的胫节末端膨大。雄性虫触角末端 3 节基部小而端部较大，雌性虫触角基部数节近念珠状；前胸背板近正方形，前缘角略带圆形，后缘角较尖。

卵，椭圆形，卵壳软薄，长约 0.5 mm，乳白色。

幼虫，扁长形，后部较肥大，体长为3~4 mm，体乳白到淡黄色，头和尾部呈淡黄色到褐色，腹末有长而尖的臀叉，前胸腹面的丝腺末端明显弯向腹中线；臀叉尖端略向内弯，叉尖距离小于臀叉的长。

蛹，淡黄色，长为1.5~2 mm，头顶宽大。

生活习性：每年发生3~6代，耐寒性较强，抗干燥性能较弱，成虫善飞，常在子实体上产卵，每雌性成虫可产卵20~300粒；生活适宜温度为15~35 ℃，30 ℃条件下，相对湿度在50%~90%范围内，并且环境湿度越大，雌虫产卵数量越随之增加，营养条件不利时可能发生同类相残现象。幼虫老熟后做白色虫茧，并在其中化蛹。

防治方法：清除出菇场所及周围腐烂木材，减少虫源。猴头菇采收后及时进行干燥处理，严格筛选、包装、储藏在密闭、干燥的仓库。不要与粮食谷物、中药材等产品混合储藏。

7. 药材甲

药材甲是一种世界性疑难的储藏物害虫，主要为害猴头菇干品。

为害特点：幼虫常蛀食猴头菇干品，子实体表面被蛀食大量的隧道和孔洞，严重时甚至能将猴头菇干品咬成粉末状，影响商品价值。

形态特征：成虫，体长为2~3 mm，长椭圆形，红褐色至深栗色，全身密生茸毛。头生在前胸下面，背面不能见；前胸背板呈三角形，凸起状；鞘翅肩胛突出，有明显刻点，并排列成纵行。复眼大，黑褐色；触角11节，末3节扁平膨大形成触角棒，3个棒节长之和等于其余8节的总长。

卵，乳白色，椭圆形，长约3 mm。

幼虫，乳白色，体长为4~5 mm，身体密生细毛。

蛹，长约4 mm，长椭圆形，乳白色，触角形状与成虫相似，末端3节扁平。

生活习性：成虫善飞，有装死性，爱好昏暗的灯光，黄昏或阴天飞翔，适宜生活条件是温度22 ℃和相对湿度70%，成虫羽化并从蛹室里钻出后即可交配，2~3 天即可产卵，每个雌性成虫一生能产卵约 100 粒，产卵期可持续 6 天，卵期约为 12 天，幼虫历期为 50~60 天，4 次蜕皮，老熟幼虫用其唾液和食物碎屑做蛹室，幼虫在里面化蛹，蛹期约为 10 天，药材甲每年发生 2~3 代，以幼虫越冬[2-6]。

（三）细菌性病害及其防治

细菌属原核生物界，单细胞，其细胞核无核膜，主要有螺旋形、杆形和球形 3 种形状。对猴头菇危害较为常见的种类有枯草杆菌、假单胞杆菌、黄单胞杆菌、芽孢杆菌和欧文杆菌等。能侵染猴头菇菌种和培养料的细菌种类繁多，特别是在高温季节，接种和灭菌过程中，接种人员无菌操作不当造成细菌感染，被感染的培养基很快布满细菌，接入的猴头菇菌种被细菌包围，导致报废。在出菇培养料发菌过程中受细菌污染和大量繁殖后，可导致培养料腐败变质、菌丝生长受抑制或不能生长，并散发出臭味。

菌种一旦受到细菌的污染，则不能再使用和保存，须及时销毁。出菇袋受细菌严重侵染后，菌丝生长受限制导致菌棒无法出菇。平板培养皿、试管斜面表面，细菌菌落形态呈圆形或近圆形，表面光滑或有皱纹，稍隆起，颜色为黏稠状的乳白色、白色或黄白色菌落，肉眼比较容易观察。但在菌种瓶或栽培袋的培养料中，不太容易发现，经常观察菌丝生长状态，用嗅觉看其有无异味来判断。

预防措施：高温季节作种或制袋时，培养料中加入的水要保持清洁。母种或原种严格纯种培养，避免用带有杂菌的菌种转管。接种操作时严格按照无菌操作规程进行[7-10]。

（四）生理性病害及其防治

1. 珊瑚型猴头菇

病害特征：子实体从基部起就开始分枝，每个分枝上又不规则地进行多次分枝，形状好似珊瑚状丛集，菌丝索形态似根状，从子实体的基部开始与培养基相连，用来汲取营养。发生这种病害的子实体有的早期就死亡了，有的还能继续生长发育，从小枝顶端开始不断壮大，形成具有猴头形态的一个个小的子实体。

发病条件：一是菇房中通气不良，二氧化碳浓度过高，当二氧化碳浓度超过 0.1%时，会刺激猴头子实体菌柄不断分化，从而抑制中心部位的发育，形成不规则的珊瑚状。二是培养料成分不适宜，培养料中可能混有芳香族化合物或其他有害物质，使菌丝在生长发育过程中受到抑制或异常刺激。

防治方法：在配制培养料时，不能混入松、杉、樟等木屑及其他有害物质。在子实体出菇期间，出菇场所应注意通风换气，保持出菇室有足够的新鲜空气。一旦已经形成珊瑚状子实体，在菇体幼小时就要将其全部摘除，重新获得正常子实体。

2. 光秃型猴头菇

病害特征：子实体表面呈光秃皱褶，粗糙无刺，菇肉松软，个体肥大，略带黄褐色，香味正常。

发病条件：出菇场所水分湿度较低，部分会产生光秃无刺猴头菇。子实体的蒸腾速度能影响到菇体的正常发育。据测定，一个直径为 6~11 cm，体积为 70~150 mL 的子实体，每天的水分蒸发量为 2~6 g。温度越高，蒸发量越大。出菇场所管理条件不适宜，室温高于 24 ℃，湿度低于 70%或者长期处于 95%以上的高湿环境，都会影响到菌刺的形成。如果温度低于 6 ℃时，子实体停止生长使菇体表面冻僵也会形成光头菇。

防治方法：在子实体出菇期间，菇室气温高于 24 ℃，要加强水分管理，出菇室内相对湿度保持在 90%左右，观察菌刺生长状态，当菌刺不发生分化时，应及时提高空间湿度，增加菇室通风量，营造干湿交替环境，促进菌刺的分化，恢复正常生长的子实体仍会保留有之前畸形的痕迹。出菇室温度低于 6 ℃时,应及时做好保暖工作,避免菇体表面冻僵。

3. 色泽异常型猴头菇

病害特征:有两种病害会导致子实体颜色异常。①猴头菇子实体从幼蕾到菇体成熟一直是粉红色,但香味不变。也有部分子实体在幼蕾期呈粉红色,随着子实体发育成熟,慢慢可转变成白色。②子实体与正常猴头菇无多大差别,只是菇体发黄。

发病条件:猴头菇子实体发红的主要原因是温度低。出菇期间,出菇室温度低于 10 ℃,子实体即开始变为粉红色,随着温度下降而色泽加深。而光照度在 2000lx 以上、出菇房湿度过低都可能导致猴头菇变黄。

防治方法:出菇房温度不能长时间处于 12 ℃以下,冬季要做好菇房的防寒保温管理。在子实体生长期出菇房为散射光,避免强光照,防止菇体变色,并且防止干风直接吹到子实体上,以减少其水分蒸发,避免子实体发黄。

4. 干缩瘦小型猴头菇

病害特征:子实体幼菇菇体比较瘦小,表面干缩呈黄褐色,菌刺短而卷曲。菇体香味正常,但味道略苦。

发病条件:出菇场所空间湿度低于 70%时常发生这种现象。采收完第一潮后的子实体,在出第二潮时,菌袋受到杂菌的污染。

防治方法:出菇期间及时向出菇场所空间喷水,将空气相对湿度维持在 85%~90%。加强通风换气,防止杂菌感染,不要往菇体上直接喷水。

5. 粗刺型猴头菇

病害特征:子实体菌刺粗长散乱,球块分支,小或不形成球块。

发病条件:出菇场所空气湿度高于 95% 和通风不良。

防治方法：改善出菇场所环境条件，菇房空气湿度高于95%，根据情况适当通风换气，不要在菇体上喷水。同时，控制菌种的传代次数，次数过多容易引起种性退化，也可导致子实体畸形，生产过程中，做好育种和保藏工作。

6. 死菇、霉变

病害特征：子实体停止生长，幼蕾表面呈黄褐色，干缩或水渍状，甚至霉变。

发病条件：当环境温度低于0 ℃时，菇体冻僵而死亡，即使温度逐渐回暖，子实体也无法恢复生长，甚至开始发霉。也可能是霉菌侵袭导致子实体变褐发霉、发黑。

防治方法：在寒潮来临时，将菇房温度提高到5 ℃以上，并及时向空间喷水，增加空气相对湿度。若已经形成死菇，则应将病菇及时摘除，以重新生长子实体[7-10]。

（五）病虫害防治中用药安全准则

当今国内外防治食用菌病虫害常选择使用农药。其主要好处在于药效迅速、效果明显、适用对象广、生产工业化和施用方法简便。农药的使用，前提是全面而准确地掌握使用农药的基本知识和方法，否则将会产生严重的不良后果，如农残超标、人畜中毒等，造成猴头菇生产、销售及人身体健康受损。因此，在猴头菇病虫害防治中，要按照无公害食品标准或绿色食品标准选择和使用药物，不允许继续沿用传统生产中使用的高毒、高残药物。在猴头菇栽培中，菇农往往添加各种营养液来增加出菇后劲、提高产量和效益。只有合适的用肥及正确的方法，才能达到提高产量和改善品质的目的，否则将适得其反[1]。

1. 绿色食品蔬菜（食用菌）农药使用准则

（1）A级绿色食品蔬菜（食用菌）农药使用准则

允许使用植物源、动物源和微生物源农药。在矿物源农药中允许使用硫制剂和铜制剂。禁止使用高毒、剧毒、高残留“三高”和致癌、致畸、致突变“三致”的各种农药。在常规蔬菜(食用菌)生产中习惯使用和正在少量使用的违禁农药，如三氯杀螨醇、氧化乐果、呋喃丹(克百威)颗粒剂、灭多威(万灵)、久效磷及甲胺磷等，在绿色食品蔬菜生产中必须严禁使用。各类有机合成植物生长调节剂，不得用于绿色食品蔬菜(食用菌)生产。若实属必需，在生产基地有限度地被允许使用部分有机合成化学农药，并严格按规定的方法使用。若选用新研制生产的化学农药，应报经中国绿色食品发展中心审批。在绿色食品标准中有机合成化学农药在蔬菜(食用菌)等农产品中的残留量是从严掌握的，采用国际上最低的残留限量标准或国家标准的 1/2。绿色食品生产中的最后一次施药时间远比国家对常规蔬菜(食用菌)生产规定的安全间隔期更长，最后一次施药距采收蔬菜(食用菌)产品间隔天数不得少于规定的日期。绿色食品允许使用次数较国际标准大大减少，更为严格，每种有机合成化学农药在一种蔬菜(食用菌)上的生长期内只允许使用一次。在使用混配有机化学合成农药的各种生物源农药时，所混配的化学农药只允许选用规定的品种，选用新农药品种必须先通过有关部门的审批。在绿色食品蔬菜(食用菌)生产中还要严格控制各种遗传工程微生物制剂的使用。

(2)AA 级绿色食品蔬菜(食用菌)农药使用准则

允许使用植物源杀虫剂、杀菌剂、增效剂，诸如除虫菊素、大蒜素、鱼藤根、苦楝、川楝、印楝、烟草水、芝麻素等。允许在害虫捕捉设施条件下使用昆虫外激素如信息素或其他动物源引诱剂。允许释放寄生性、捕食性天敌动物，如捕食螨、各类天敌蜘蛛及昆虫病原线虫等。允许使用植物油乳剂、矿物油乳剂、矿物源农药中的硫制剂和铜制剂。有限度地使用农业抗生素，如多抗霉素、井冈霉素、春雷霉素、农抗 120 等，对真菌病害进行防治。浏阳霉素可用于防治害螨。允许有限度地使用活体微生物农药，如真菌制剂、细菌制剂、病毒制剂、放线菌、拮抗菌剂、昆虫病原线虫、原虫等。

禁止使用有机合成化学杀虫剂、杀菌剂、杀螨剂、除草剂和植物生长调节剂。禁止使用生物源农药中混配有机合成化学农药的各种制剂。

2. 绿色食品蔬菜（食用菌）生产适用的农药

（1）杀虫剂

1）生物类休养虫刺。如爱力螨克、苏云金杆菌、茴蒿素、噻嗪酮、川楝素、鱼藤酮、藜芦碱、苦参碱。

2）有机磷类杀虫剂。如敌敌畏、敌百虫、乙酰甲胺磷、伏杀硫磷、辛硫磷、三唑磷、喹硫磷、毒死蜱。

3）氨基甲酸酯类杀虫剂。如呋喃丹、涕灭威、来多威等。

4）苯甲酰基脲类杀虫剂。如定虫降、农梦特、灭幼脲、除虫脲。

5）拟除虫菊酯类杀虫剂。如甲氰菊酯、溴氰菊酯、联苯菊酯、醚菊酯、氯氰菊酯、顺式氯氰菊酯、氰戊菊酯、顺式氰戊菊酯。

6）其他类杀虫剂。如吡虫啉、锐劲特、抑食肼、增效氰马、辛氰混剂。

（2）杀菌剂

1）具有保护（预防）作用的杀菌剂。如代森锰锌、铜高尚、可杀得、扑海因、乙烯菌核利、双效灵、多果定、混合二元酸铜、百菌清。

2）生物性杀菌及杀病毒剂。如农用链霉素、多抗霉素、抗霉菌素120、吗啉胍、菌毒清、植病灵。噻菌灵、多菌灵、甲基托布津、腐霉利、甲霜灵。

3）兼治真菌与细菌性病害杀菌剂。如苯噻氰、敌克松、百菌通、春雷氧氯铜、松脂酸铜。

4）复方配制的广谱杀菌剂。如霜克、杀毒矾、甲霜灵锰锌、灰斑王、多硫悬浮剂。

5)具有内吸治疗作用的杀菌剂。如普力克、乙磷铝、克露、三唑酮。

(3)杀螨、杀线虫剂

1)杀螨新药剂。如克螨特、速螨酮、双甲脒、卡死克、噻螨酮、浏阳霉素。

2)杀线虫剂。如二氯异丙醚、苯线磷、克线丹、棉隆。

(4)植物生长调节剂

乙烯利、缩节胺、赤霉素、爱多收、萘乙酸、矮壮素、青鲜素、防落素、多效唑、比久。

3. 食用菌生产中农药使用的安全性原则

对食用菌生产中遇到的病虫害进行化学药剂防治,要严格执行《中华人民共和国农药管理条例》,遵循农药使用的安全性原则,符合营养学和医药学双重标准的要求。应该做到:

1)用药前应知晓农药性质,区分杀菌剂和杀虫剂不同类农药的差异,来防治病害和虫害。两类农药不能互换,不能相互替代;熟悉掌握农药的使用方法、作用特点、理化性质、合适的浓度与喷洒时间等。

2)要对症下药。发生眼蕈蚊、粪蚊虫害,可喷500倍敌百虫;菇蝇类的成虫、幼虫和跳虫可使用敌敌畏来熏杀和触杀,但对螨类杀伤力差,应注意猴头菇对敌敌畏敏感,浓度稍大就可能产生药害,最好改用敌百虫或辛硫磷;用辛硫磷和杀螨剂混配来应对蚊蝇类和螨类同时发生的情况,效果较好。各种霉菌的防治宜采用扑海因(又名异菌脲)、桑迪恩、普克特(又名霜毒威)、百维灵、甲霜灵锰锌(为甲霜灵、代森锰锌配制)、百菌清(又名氟虫晴)、辛硫磷、阿维菌素(又名爱福丁、齐螨素)、乐期本(又名氯吡硫磷、毒死蜱)。

3)合理使用浓度。根据病虫害、药剂种类、猴头菇不同生长阶段，选择用药浓度。通常培养料堆积发酵和出菇房环境灭菌，用药范围和浓度相对大一些，接种后及出菇前用药要控制在安全范围之内，子实体出菇期间浓度更低一些。如锌硫磷加杀螨剂防治螨类等害虫，物料堆积至子实体出菇期前用500倍液，而子实体出菇期间应降至100倍。

4）出菇期禁用农药，做好出菇前的预防措施，为猴头菇生长创造良好的环境，增强菇体本身的抗病能力。必须用药时，尽量选在出菇之前，或将菇采收干净之后。因为猴头菇栽培周期短，药物容易残留而引起食物中毒，对产品的流通与消费产生不良影响；这些农药也会对猴头菇产生药害。

5）尽可能选用植物性药剂和微生物制剂，微生物杀菌剂如农用链霉素、多氧霉素、科生霉素、春雷霉素、增产素等微生物农药，广谱、安全、无公害。植物源农药，既能防治病虫害，又不污染环境和毒害人畜，而且对害虫不产生抗药性。例如，烟茎、茶籽饼、草木灰、鱼藤精、除虫菊、辣椒水等植物制剂。

6）用高效低毒、低残留的药剂，常用的杀虫剂有辛硫磷、敌敌畏、敌百虫、奉灭菊酯、磷化铝、杀螨特等；常用的杀菌剂有多菌灵、（甲基）托布津、美帕曲星、波尔多液、代森锰锌、百菌清、石硫合剂和硫黄粉等。

7）禁用高残留剧毒农药，无论是培养料消毒灭菌还是出菇环境消毒清洁，严禁选用残留期长的、剧毒的、有机汞、有机磷等药剂。国家明文禁用的氟乙酸钠杀虫脒、氧化乐果、砷酸铅、对硫磷、溃疡净、甲胺磷、甲基1605、西力生、砒霜、杀螟威、久效磷、三氯三螨醇、克百威、呋喃丹、毒杀芬等一切氯制农药及剧毒和高残留农药都不得使用。

8）为避免病菌、害虫产生抗药性而降低药效，可交替使用不同药剂。

9）保护天敌，如某些尘螨是一些害虫的天敌，应予以保护。

10）注意人身安全，如磷化铝遇水生成的磷化氢穿透力强，在生产中，要更严格地掌握激素的施用量浓度。

4. 棉酚与农药残留检测

20 世纪 70 年代，我国利用棉籽壳作为原料栽培食用菌成功，是世界农业发展史的一大成就。但是，一些进口国对棉籽壳作为原料生产的食用菌产品提出质疑。

国外资料介绍，200 mg/kg 的棉酚含量对动物无毒性。我国规定，食用棉籽油中的棉酚含量不得超过 300 mg/kg。棉籽壳中的棉酚含量（230 mg/kg）虽然超过了 200 mg/kg 的界限，但是棉籽壳经过高温灭菌后其棉酚含量已降至 53 mg/kg。以棉籽壳为原料生产的猴头菇，其干品的棉酚含量范围为 49~83 mg/kg。按 10 kg 鲜菇出 1 kg 干菇计算，鲜菇中的棉酚含量为 4.9~8.3 mg/kg。据研究，每人每天摄入棉酚 20 mg 时无明显的抗生育作用，如果每人食用 0.5 kg 鲜菇，摄入的棉酚量仅为 2.9 mg，大大低于抗生育剂量。

虽然农药六六六与滴滴涕早已多年禁用，但是由于这两种化合物在土壤中降解缓慢，农作物产品如棉籽壳、秸秆中或多或少仍有残留。因而，检测这些培养料及转移到菇体中的农残数据是非常重要的。对棉籽壳培养料、菇体及菌糠中的六六六残留量及其异构体比例的检测分析表明：

（1）无论是生料还是灭菌料，也无论是何品种食用菌，都对六六六无富集作用，因为菇体中的六六六总残留量比培养料低。

（2）棉籽壳培养料经灭菌后，六六六总残留量显著减少，六六六遇热易分解。此外，棉籽壳经石灰水浸泡后，也可降低六六六的残留。

参考文献

[1]　王世东. 无公害农产品高效生产技术丛书——食用菌[M]. 北京：

中国农业大学出版社,2005,348-355.
[2] 陈福如,杨峻,等.食用菌高效栽培及病虫害诊治图谱[M].北京:中国农业出版社,2016,76-84.
[3] 张绍升,罗佳,林时迟,等.食用菌病虫害诊治图谱[M].福州:福建省科学技术出版社,2004,88.
[4] 邵凌云,师迎春,国立耘.北京地区食用菌上木霉污染菌的种类鉴定[J].食用菌学报,2008,15(1):86-90.
[5] 罗佳,庄秋林.福建省食用菌双翅目害虫的种类、为害及防治[J].福建农林大学学报(自然科学版),2007,36(3):237-240.
[6] 孙立娟,李怡萍,等.杨凌及其周边食用菌害虫初步调查研究[J].西北农业学报,2008,17(1):110-112.
[7] 黄良水.猴头菇生产加工与烹饪[M].北京:中国农业出版社,2017,89-99.
[8] 黄良水.现代食用菌生产新技术[M].杭州:浙江科学技术出版社,2011,101-104.
[9] 李志超.猴头生产全书[M].北京:中国农业出版社,2004:110.
[10] 黄年来.中国食用菌百科[M].北京:农业出版社,1993,65-67.

第六章　野生与人工栽培猴头菇现状

(一)野生猴头菇的种类及形态特征

野生猴头菇有很多不同的品种,有高山猴头菇、小刺猴头菇、珊瑚状猴头菇、分枝猴头菇等,大的可以达到几十斤。现在市场上售卖的猴头菇大部分都是人工栽培的,属于高山猴头菇的驯化品种。

1. 珊瑚状猴头菇

珊瑚状猴头菇又名玉髯菇、红猴头菇、羊毛菌,是一种美丽的海洋珊瑚形状的猴头菇。珊瑚状猴头菇的主要特征是子实体从基部长出数枚主枝;每枚主枝上又生出短而细的小分枝,小分枝上再生出丛状密集的短菌刺,菌刺纤细,呈针状,顶端尖,菌刺长 0.5~1.5 cm;子实体形如珊瑚,故名珊瑚状猴头菇;菌肉白色,质地柔软,易碎,成熟后米黄色至褐色,味道和气味宜人。在鲜嫩时白色渐变为淡褐色,基部狭窄,生出若干主枝干,主枝干又生小枝,小枝上长着长刺。它的成分和味道完全同猴头菇,是美味的山珍,同时又是一种利五脏、助消化的滋补良药。

2. 高山猴头菇

高山猴头菇又称雾猴头菇,夏秋多野生于海拔 3000 m 以上的云杉、冷杉和箭竹林带中的枯树或倒木上。常分布在云南、西藏等地。高山猴头菇子实体中等或大,嫩时为肉质,干后近纤维质,基部有主轴,粗 4~20 mm,基部有盘状座垫。多次分枝,呈不规则分叉,向末端渐趋纤细，有时末端微弯曲，外形柔软不坚韧。全株近圆形，直径8~15 cm。白色、乳白色，干后微呈淡黄褐色。顶枝如珊瑚菌状至多裂，裂齿纤细，软肉质，下垂，近侧着生，偶或丛周围着生。子实层无色透明。囊体呈棒状，末端渐粗，基部渐细，稀疏排列。担子呈短棒状，具 4 个小柄。孢子为长圆形至圆形，光滑或有微小刺，含大而明显的圆形油滴。

3. 小刺猴头菇

又名针猴头菌，子实体小或中等，直径 5~10 cm，肉质，基部着生于树木上，密被针刺，形成球形或帽状，初期雪白色，后变为浅褐灰色，刺长 1~2 cm，锥状，开始直，细长而下垂，上部的刺常扭曲。菌柄部即基部很短，长 1.5~2.5 cm，不发育或膨大成菌盖的一部分。菌肉白色，纤维质，松软，味甘。孢子近球形，透明无色，光滑。分布地区包括河北、河南、吉林、辽宁、黑龙江、内蒙古、四川等。

4. 分枝猴头菇

分枝猴头菇又名雪茸、梳状猴头等，主要分布在川、贵、青、滇、东北一带，其驯化栽培略有难度，子实体常单生，中等大，不规则多分枝，珊瑚状，白色，肉质；菌刺长于分枝周围，菌肉白色，由若干分枝状菌丝体组成；孢子无色，近球形。喜欢潮湿阴暗的环境，发生适宜温度为 13~18 ℃；喜欢相对偏酸的基质环境。分枝猴头菇外形婀娜优美，肉质鲜嫩，美味可口，性平味甘，同猴头菇一样具有很高的食药用价值，富含多种蛋白质、氨基酸、矿物质等，常食有助消化，健脑提神，有治疗神经衰弱、胃炎和胃溃疡等功效，属菌中佳品。

5. 假猴头菇

假猴头菇又名格状猴头菇，此种猴头菇分枝多，且小刺短而细。另外，此种与珊瑚状猴头菇的外形极为相似，但此后种主枝粗壮，其顶端小刺长、下垂。子实体中等至更大，白色至淡黄色，直径可达

10~25 cm，由基部连续多次分枝的菌体组成，分枝的顶端小枝纤细，向各方向伸出，枝端小刺长 1~5 mm。孢子无色，光滑，椭圆形或近卵圆形至近球形，内含一油滴，油囊体淡黄褐色，主要分布在吉林、四川、云南、内蒙古、黑龙江等地。

（二）国内野生猴头菇的分布地区

我国野生猴头菇的分布很广泛，主要分布在北温带的阔叶林、针叶林、针叶阔叶混合林中，吉林、黑龙江、内蒙古、福建、四川、云南、广西、湖南、湖北、陕西、新疆等地均有野生猴头菇的发现。

野生猴头菇喜潮湿、温和、空气流通的自然环境，适宜 18~20 ℃的气温环境下生长。通常寄生在松、桦、橡、胡桃等树木的枯死部位或者树枝断口处，每年的 7、8、9 月的阴雨季节是野生猴头菇生长的最佳季节。我国东北的长白山山区、大兴安岭森林、西北天山和阿尔泰、西南横断山脉等林区，浓密的原始阔叶林，恰到好处地阻挡了部分太阳的照晒，又不会完全堵塞通风，气候和自然条件特别适合野生猴头菇的生长。

野生猴头菇产量很低，一株成年白桦树上也就能长出 2~4 头，并且野生猴头菇都在树干的高处，采摘较为困难，因此，现在市场上的野生猴头菇越来越少。东北三省野生猴头菇分布最多，我国长白山地区，每年秋天是野生猴头菇采摘和出售的旺季，上等的野生猴头菇基本上都流向高级餐厅和资深食客。

1. 鹤岗东北猴头菇

鹤岗东北猴头菇是黑龙江省鹤岗市的特产。鹤岗市位于黑龙江省东北部，地处小兴安岭向三江平原的过渡地带，属中温带大陆性季风气候，其气候环境适宜野生猴头菇的生长。野生猴头菇常发生于小兴安岭茂密的森林中，并且当地农民也人工栽培猴头菇，在当地可以买到压缩成块状的猴头菇干制品。

2. 通化猴头菇

通化猴头菇是吉林省通化的著名特产，生于长白山一带的林区，多生于栎、柞、桦、核桃等阔叶树的方木受伤处或腐木上。通化猴头菇个头均匀，色泽艳黄，质嫩肉厚，须刺完整，干燥无虫蛀，无杂质，品质极佳。

3. 汤原猴头菇

汤原猴头菇是黑龙江省佳木斯市汤原县的特产，汤原县位于黑龙江省东北部，三江平原的西部边缘，系小兴安岭延脉的丘陵地区。北与煤城鹤岗市接壤，西与林城伊春毗邻。该地区森林覆盖率为33%，拥有松花江、汤旺河等大小河流23条，该县的大亮子河国家森林公园是黑龙江省东部唯一的以原始红松林为主体景观的国家级森林公园，野生猴头菇就常生长于这个地区。

4. 垣曲猴头菇

垣曲猴头菇是山西省运城市垣曲县的特产，主要生长在垣曲县历山一带古老的栎树上。垣曲县地处中条山的中部，境内有云蒙山、舜王坪、马须崖等高山峻岭，拥有华北地区最大的原始森林——垣曲历山森林。因这里盛产猴头菇，故当地群众又称这些山为猴头山。垣曲猴头菇味道香美芳鲜，为个头肥大，肉质肥厚，无虫蚀，茸毛有光泽，久贮色味不变，营养极为丰富。

5. 鲁山猴头菇

鲁山猴头菇是河南省平顶山市鲁山县的特产，为鲁山山珍。常发生于鲁山县西部的尧山上，尧山瀑布众多，森林茂密，气候湿润，温泉优良，夏季这里只有23~26 ℃，凉爽宜人。鲁山猴头菇个儿大、肉厚，乃菜肴佳品，制成猴头菇片，还可预防胃癌、食管癌。2007年第二届中国（长沙）国际食品博览会上，鲁山鹿茸、猴头菇、香菇、木耳等绿色天然食用菌荣获金奖。

6. 临潭猴头菇

临潭猴头菇是甘肃省甘南藏族自治州临潭县的特产。临潭猴头菇主要产于临潭的新城、陇南的康县、武都等地。临潭猴头菇子实体呈块状，扁半球形或头形，肉质，直径为 5~15 cm，不分枝。新鲜时呈白色，干燥时变成褐色或淡棕色。临潭猴头菇既是食用的美味佳肴，又是治病的良药。

7. 云南怒江兰坪猴头菇

云南省兰坪地处云南省怒江傈僳族自治州的横断山脉纵谷地带，森林、生物资源丰富，山林面积占全县总面积的 71.1%以上，森林覆盖率为 68.4%，活立木蓄积量达 2454 万立方米，而且以木质好、大径材多而著称。每年八九月份久雨初晴之时，是猴头菇的盛产季节，在栎、桦等树干上，常有猴头菇的寄生。

8. 三门峡卢氏猴头菇

河南三门峡湖滨区卢氏县深山老林中的栎树上盛产猴头菇，是我国猴头菇的主要产区，多系野生。近年人工栽培也已成功。猴头菇常在七八月份寄生在麻栎、栓皮栎、青刚栎等栎类树木的干枯树桩或活树的干枯部分，卢氏栎类林木资源丰富，适合猴头菇生长繁衍。卢氏野生猴头菇主要产区在县西南部的狮子坪、官坡、瓦窑沟、汤河、徐家湾等乡。

（三）野生猴头菇种质资源的采集与鉴定

野生猴头菇的采集应做好充分准备，首先要确定采集的目的，了解采集地点之外各方面情况，拟定采集路线，准备采集工具，主要注意以下几个方面：①充分熟悉采集地的地形，应当有当地的地形图，确定地点和方向，若有条件尽可能提前与当地向导熟悉情况；②准备好望远镜，以便观察远处或高处的食用菌；③ GPS 和海拔仪，用于确定方位和海拔；④记录和照相用具，铅笔、刻度尺、钢卷尺、直尺、白纸板、菌类野外采集记录表、记录本、照相机等;⑤切割、挖取工具,采集刀、枝剪、小铲、小镐、锤子、凿子、手锯、掘根器;⑥放大镜;⑦标本盛装用具;⑧菌种分离用具,酒精灯、酒精棉球、PDA 试管、解剖刀、小镊子等[1]。

1. 采集方法

野外菌种分离:取未被病虫害感染或虫咬的幼嫩或中熟子实体作为分离材料。若子实体较湿,可在采集标本后用吸水纸吸干表面水分,放在阴凉通风处风干。切不可放置不透气的塑料包装。选取内部新鲜的、不接触空气的组织块即可。新鲜的子实体可直接用无菌刀片切开或者用手撕开,对于放置时间过长的子实体或干样,要用75%酒精擦洗表面,再用无菌水冲洗。在无菌实验室里进行无菌操作,在盛有培养基的培养皿盖上固定一块子实体,或用铁丝钩的下端勾住子实体,上端挂在盛有培养基的三角瓶顶部,释放孢子,放置过夜,孢子弹射后取下子实体进行培养。对于分离环境要达到如下要求:①野外就地分离,野外人际活动少,空气新鲜,易造成污染的杂菌相对较少,且刚采集的子实体较为新鲜,野外就地分离成活率较高,方便快捷;②住地分离,用 75%酒精消毒台面,屋内尽量一人操作,避免人员走动。最后用记号笔在标签纸上做记录贴于接种好的试管或培养皿表面,菌种与标本一一对应。

2. 孢子印的制作

对大型菌物来说,制作孢子印是必要的。把子实体的子实层朝下置于硬纸片上面,于凉爽处过夜,无色或者浅色孢子用黑色纸片收集,为防标本干燥,应将标本罩住,以保持菌盖湿润。如果收集孢子印的标本太干燥,可把子实体放在带有湿棉花团的封闭容器内吸湿,也能成功得到孢子印;或直接将中间有洞的卡片纸放在玻璃杯上采集孢子印。孢子印经空气干燥后,与标本一起收藏。孢子印与标本都应清楚标记号码,以防可能出现的标本混杂。

3. 标本鉴定

子实体微观观察:适当染色,通过光学显微镜,必要时可通过扫描电镜对子实体微观形态结构特征进行观察。利用 CTAB 法或试剂盒提取 DNA,根据特定的引物克隆目的基因,将克隆的目的基因进行测序,并与 GeneBank 中注册的相关序列进行比对分析,结合其形态学的特征来确定物种的分类学地位。

4. 性状指标评价

(1)区别性鉴定

将野外采集菌株与当地栽培的相似品种接种于直径 90 mm 的培养皿中, PDA 培养基,相距 3 cm,适宜温度下避光培养 7~10 天,观察描述拮抗线有无。

(2)温度敏感性测试

将野外采集菌株接种于 PDA 平板培养基上,分别在 18 ℃ ±1.20 ℃、18 ℃ ±1.22 ℃、18 ℃ ±1.24 ℃、18 ℃ ±1.26 ℃、18 ℃ ±1.28 ℃、18 ℃ ±1.30 ℃、18 ℃ ±1.32 ℃、18 ℃ ±1.34 ℃、18 ℃ ±1.36 ℃、18 ℃ ±1 ℃培养,观察记录菌丝的生长速度。

(3)菌丝浓密程度

将野外采集菌株接种于直径 90 mm 的培养皿中,每个培养皿注入 PDA 培养基 20 mL,接种物直径 3~4 mm,25 ℃避光培养 7~10 天,观察描述培养基上气生菌丝发达程度。

(4)原种菌丝长满试管时间

采用 20 mm × 150 mm 试管填充适宜栽培原料培养基,接种菌株,适宜温度培养,计算从接种次日至菌丝长满试管所需的时间。

(5)子实体原基发生的时间

接种后按品种要求的温度条件下培养菌丝,待菌丝长满袋后,使菇房的温、湿、光、气条件满足供试品种的出菇要求，促进供试品种子实体原基正常发生。计算从接种次日到子实体出现原基所需的时间。

(6)子实体采收时间

计算从接种次日到第一次采收所用的时间。

(7)子实体生物学效率

按常规栽培技术要求，整个栽培周期结束，计算新鲜子实体的重量与培养料干重的比值，换算成百分比，生物学效率(%)=子实体鲜重/培养料干重 ×100%。

(四)人工栽培猴头菇的主要产区

1. 牡丹江市海林市

黑龙江省牡丹江市海林市是"中国猴头菇之乡"，海林猴头菇是中国国家地理标志产品。海林市位于黑龙江省东南部，地处长白山余脉、大兴安岭东麓，冷凉的气候、清新的空气、充足的日照和适宜的昼夜温差，使这里成为猴头菇生产的黄金地带。

海林市人工栽培的猴头菇产量约占全国总产量的1/4，位居全国第一。所使用的猴头菌种直接源自当地的野生猴头菇，是从野生猴头菇中分离、驯化并已注册登记的菌种。当地人工栽培的猴头菇——海林猴头菇鲜品为纯白色，单体个体大，大小均匀，菌刺分布和长短、粗细均匀，菌针及毛色均匀，菌针长1~1.5 cm，肉质肥厚、无筋，口感鲜嫩适口。2017年5月，国家质检总局(现国家市场监督管理总局)批准对"海林猴头菇"实施地理标志产品保护。2020年5月20日，海林猴头菇入选2020年第一批全国名特优新农产品名录。

2. 浙江省常山县

常山县位于浙江西部，钱塘江上游，山地面积占全县总面积的

74.57%，生态环境优越，是国家级生态示范区和浙江省重要的生态屏障；常山猴头菇是常山县特产，2015 年 11 月 05 日，农业部（现农业农村部）批准对“常山猴头菇”实施国家农产品地理标志登记保护。从 1979 年常山县供销联社农资公司微生物厂技术员徐序坤，从上海农业科学院引进驯化培育成的猴头菇菌株“103”，经紫外线诱变，选育出“常山 99 号”菌株，开辟了常山县猴头菇栽培历史，到 1989 年，猴头菇已经达到世界较大产量；1990 年常山县与上海等地联合开发猴头菇罐头、饼干、蜜饯、干品、补酒、酱油、菌片、冲剂等 10 余个产品，其中常山江牌猴头菇罐头、金针菇罐头和猴头菇干品获得省（部）优产品。2000 年，常山县被认定为“中国食用菌之乡”；2014 年，县委县政府将猴头菇作为常山县食用菌的主打拳头产品，现有复方猴头胶囊、猴头菇茶、猴头菇贡面、云片猴头菇等加工产品，很受市场青睐；2018 年 9 月，“常山猴头菇”地理标志证明商标成功注册。常山猴头菇的鲜品有猴头菇特有的清香，口感嫩滑，成熟后味微苦；干品呈淡黄色至黄褐色，香味浓郁，味微苦。

3. 福建古田

食用菌产业是福建古田县支柱产业，猴头菇是古田食用菌的主打品种之一，古田县素有“中国食用菌之都”之称，古田县地理环境优良，气候宜人，属亚热带季风气候，同时年降水丰富，适合各类菌菇生长。同时，古田县食用菌产量居世界第一，出口量为中国之冠，有着丰富的菌菇种类。银耳、茶树菇、香菇、猴头菇、黑木耳为古田县的主栽品种，古田猴头菇个个肥厚鲜嫩、个头饱满。

（五）国内猴头菇栽培的常用品种

1. 常山 99 号

常山 99 号来源于浙江常山微生物厂。1979 年，浙江常山县地区的培育菌株中，培育人员利用金刚刺酿酒残渣培育出猴头菇，而后经紫外线诱变选育出“常山猴头99号”菌株。菌丝生长迅速、浓密、粗壮，出菇快，朵小型美，色白，菇体紧实，产量高。常山猴头菇是浙江省常山县的特产，闻名国内外，质地细嫩，鲜甜爽口，营养丰富，风味独特。

2. 猴头33号

猴头33号来源于福建三明真菌研究所，30天左右出菇。菌丝粗壮、浓白、抗杂力强，菌球大、色白，优质高产。

3.H大球1号

此品种由古田县科协挺进菌种厂从野生菇驯化获得，在13~22 ℃温度范围均可出菇，以15~20 ℃最为适宜。出菇快，在适宜温度条件下，15天左右即出现原基。菇体乳白，刺毛粗细适中，适应性强，可在野外栽培。

4. 猴头王

来源于贵州习水食用菌研究中心，出菇温度为12~22 ℃，该菌株的显著特点就是个体偏大，幼菇色泽特白，八分熟后逐渐变黄，菌刺偏短，菌球较大，商品性高，折干率高，产量高。

5. 猴头920

本品来源于江苏高邮市科学食用菌研究所，出菇温度为13~22 ℃，生物学转化率为120%~150%，色泽洁白，个体较大，菌刺中等，球状肉质紧实，总产量高。

6. 猴头911

本品出菇温度为13~22 ℃，来源于江苏高邮市科学食用菌研究所，生物学转化率为120%~150%，色泽洁白，个体大，刺长，高产，组织紧密。

7. 华中特猴

本品出菇温度为 15~25 ℃,来源于武汉华中食用菌栽培研究所,黄白色,菌刺中长,球形圆整肥大,耐高温,产量特高。

8. 刺长猴头

本品出菇温度为 11~25 ℃,来源于武汉华中食用菌栽培研究所,白色,球大,菌刺长,组织紧密,产量高,商品价高。洁白,刺特长,药效高。

9. 猴头 4916

本品出菇温度为 10~26 ℃,来源于江苏天达食用菌研究所,生物学转化率为 100%~130%,野生分离种,白色,刺长球大,野味浓,高产抗杂,形美。

(六)国内经过品种审定的猴头菇品种

1. 猴杂 19 号(国品认菌 2007049)

猴杂 19 号(苏猴 19)由江苏省农科院蔬菜研究所育成, 2007 年通过国家认定,适宜在我国猴头菇主产区栽培。该品种子实体单生,大小中等、菇体直径 10~25 cm、圆整、头状或团块状、结实、刺短、乳白色、无柄、质地致密, 4 ℃下可储存 10~20 天,口感柔、滑、清香。最适发菌温度为 22~26 ℃,最适 pH 值为 4~5;发菌期 30 天,后熟期 5~10 天,后熟适宜温度为 18~22 ℃,栽培周期 80~90 天。栽培中菌丝可耐受最高温度 32 ℃,最低温度 0 ℃;子实体适宜生长温度为 15~25 ℃,可耐受最高温度 30 ℃,最低温度 10 ℃。原基形成不需要温差刺激,出菇温度为 15~32 ℃;子实体对二氧化碳的耐受性一般,菇潮明显,间隔期 10 天左右。袋料栽培条件下,生物学效率 90%~100%[1]。

栽培技术要点:基质适宜碳氮比 20∶1,适宜含水量 65%;以福建为代表的南方地区,接种期 9 月至翌年 2 月,出菇期 11 月至翌年 4

月。以北京为代表的北方地区，春季2~3月接种，4~6月出菇；秋季8~9月接种，10~12月出菇。菌丝长满袋降温至18~22 ℃培养7~10天后，袋口部分原基出现时移入栽培室，开袋喷水保湿出菇，给予适当的散射光，防止菇体表面变红，光线过强时菇体变为淡红色。

2. 猴头911(国品认菌2007048)

本品由上海市农业科学院食用菌研究所从齐齐哈尔野生种质驯化育成[1]。

子实体为圆形或近圆形，直径5~10 cm，新鲜时白色，干燥后淡黄色，上被长圆锥形下垂复刺，子实体基部狭窄；质地较疏松，柔软有弹性，略带苦味。2~5 ℃下可贮存10~15天。发菌适温为20~28 ℃，最适25 ℃，超过35 ℃或低于6 ℃菌丝生长停止；出菇最适温度为16~20 ℃，低于4 ℃或高于25 ℃子实体停止生长，需要散射光，适宜CO_2浓度小于2000 mg/L。

栽培技术要点：CO_2浓度过高时，菌刺分化不良，子实体生长缓慢、畸形、发黄，甚至死亡；pH值为7.5以上或4.0以下时，菌丝生长和子实体形成均受影响；光线过强导致菇体发黄。发菌期30~40天，栽培周期70~100天，采收2~3潮，菇潮间隔20天左右，采收2~3茬潮生物学效率为80%~120%。上海及江苏、浙江地区，春栽2月中下旬制袋，3月下旬至4月出菇，6月底前出菇结束。秋栽9月中旬制袋，10月下旬出菇。适宜辽宁、吉林、黑龙江、河北、山东、江苏、浙江、上海等地栽培。

3. 黑威9910

由黑龙江省科学院微生物研究所从大兴安岭野生种质分离，子实体乳白色，单生，球形，直径7~15 cm，菌柄短，单菇重150~250g；菌肉组织致密，菌刺短而细密；在PDA培养基上菌落不规则，菌丝灰白至白色，呈放射性生长。菌丝适宜生长温度为22~27 ℃，出菇适宜温度为15~22 ℃，发菌期35~40天；接种至采收48~52天；稳定性好，生物学效率为 80%~110%。干菇金黄色，适宜鲜销和干制。

栽培技术要点：适宜东北地区春秋两季栽培，以阔叶木屑为主料，含水量为 65%~70%，适宜 pH 值为 4.0~6.5；前期发菌温度为 23~25 ℃，后期 20~23 ℃，避光培养；荫棚层架式摆放出菇，散射光 300~500lx；小蕾至成菇 13~15 天。出菇期 50 天左右，出菇 2~3 潮[2]。

4. 晋猴头 96（山西省农作物品种审定委员会认定）

山西农业大学从山西历山国家级自然保护区野生种质分离，经系统选育而成。

子实体单生，乳白色，头状或块状，外观圆整，直径为 8~15 cm，单菇重 150~250 g；无柄，中刺；柔软有弹性，略带苦味；在 PDA 培养基上菌丝白色，呈茸毛状，絮状辐射性生长，气生菌丝不发达，菌落边缘不规则，培养后期产生棕褐色素；菌丝生长适宜温度为 20~26 ℃，最适 pH 值为 4.0~4.5，出菇适宜温度为 12~20 ℃，适宜大气相对湿度为 85%~90%，适宜 CO_2 浓度不超过 0.1%；子实体分化和生长需弱光。

栽培技术要点：采用棉籽壳、麸皮培养基，pH 值为 5.4~5.8，含水量 60%左右。避光发菌 25~30 天，打穴出菇，穴孔向下，层架式摆放；适宜光照强度 200~500lx；栽培周期为 75~85 天，采收 2~3 潮，生物学效率 70%~80%。适宜山西地区春秋季栽培[3]。

参考文献

[1] 张金霞，赵永昌，等. 食用菌种质资源学[M]. 北京：科学出版社，2016，518-519.

[2] 戴肖东，詹亚光，马银鹏，等. 猴头菇新品种“黑威 9910”[J]. 园艺学报，2015，42（3）：607-608

[3] 刘靖宇，孟俊龙，常明昌，等. 猴头菇新品种“晋猴 96”[J]. 园艺学报，2016，43（6）：1215-1216.

第七章　猴头菇无公害、绿色、有机栽培生产标准

（一）无公害猴头菇生产的定义和标准

1. 无公害的定义

公害是指人们在日常生活、生产活动中的产物对自身环境造成的公共危害。这种危害在工业革命后已开始产生并逐年加重，只是在20世纪60年代，随着科学技术的进步和人们对生态环境观念的提高，公害问题才变得日益加剧。目前公害主要可分为3类[1]。

（1）农药危害

1）有机氯。如六六六、滴滴涕、氯丹等，其特点是该类农药理化性质稳定，不易分解，残留期长，累积性强。不仅造成土壤污染，还可通过食物链污染猴头菇，并在人体内残留，严重损害人体健康。

2）有机磷。如对硫磷、3911、甲胺磷等，其特点是残留较小，残留期较短，容易水解，但存在不同程度的残毒，轻则引起慢性头疼、记忆力减退，重则引起呼吸困难导致死亡。

3）有机砷。如稻脚青、田安、福美砷等，其特点是急性中毒时，引起腹痛、咽喉肿、呕吐等导致死亡；慢性中毒可引起周身疼痛、肝大、恶心、皮炎等。

4）有机汞。如赛力散、西力生等，其特点引起神经麻痹、痉挛致死。

5）其他农药。如菊酯类农药、真菌杀菌剂、氨基甲酸酯类、农用

抗生素等。

(2)化肥危害

目前,氮肥对生态环境和生产影响最大,氮肥施用量大,分解产物多,过量施用,流失严重,导致对水质和环境造成污染。表现在以下几个方面:

1)污染大气。氮肥在厌氧条件下被细菌分解进入大气,加重大气污染。

2)污染水体。影响饮用水质,促进水生生物繁殖,加速水质的恶化。

3)污染农作物产品。主要是亚硝酸盐,一种有毒物质,会导致动物中毒缺氧致死,并且亚硝酸能和胃中的含氮化合物结合形成强致癌物质——亚硝胺。

(3)其他危害

其他危害主要是工业三废、病原菌和城市垃圾等造成的污染,包括以下几个方面:

1)有毒气体。二氧化硫:对农业危害最广泛的空气污染物,当含量达 0.5×10^{-3}~1.0×10^{-3} mL/L 时,可使食用菌受害。此外,食用含硫量高的子实体也会对人体产生危害。氟化氢:危害程度比二氧化硫更严重,除对猴头菇细胞有破坏作用外,人体摄入过多的氟,轻则造成斑釉齿,重则导致慢性氟中毒。

2)有毒有机化合物。①酚类化合物:凝固生物体内的蛋白质而导致死亡;②氰化物:剧毒,易挥发,对动物杀伤力大。

3)重金属。①镉:在人体内累积引起骨痛病,并可致畸、致癌;②铬:达到一定浓度后,影响菇体生长,对人体有致癌作用;③铅:过度积累会影响子实体生长,并使人体致畸、致癌。

4)其他。如致病微生物、酸雨等均可对猴头菇造成污染。

2. 无公害食品与无公害食用菌的定义

无公害食品是指没有受有害物质污染的食品，也就是说，在食品中不含有某些规定不准含有的有毒物质，而对有些不可避免的有害物质则要控制在允许的标准之内；从广义上，无公害食品是集安全、优质与营养于一体的食品的总称，“安全”主要是指食品不含有对人体有毒、有害的物质，或将其控制在安全标准以下，从而对人体健康不产生危害。具体地说，要做到“三个不超标”：①农药残留不超标，不能含有禁用的高毒农药，其他农药残留不超过允许量；②硝酸盐含量不超标，食品中硝酸盐含量不超过标准允许量，一般在 432 mg/kg 以下；③“三废”等有害物质不超标，无公害食品的“三废”和病原微生物等有害物质含量不超过规定的允许量。“优质”主要是指食品质量优良，个体整齐，发育正常，无病虫害，成熟良好，质地口味俱佳。“营养”主要是指食品内含品质，含人体必需的元素，以食品本身的品质特性来评价它们的营养含量高低[1]。

无公害食品不仅是实现绿色食品、有机食品工程最基本的材料资源，还是农业可持续发展及人类生存环境保证的重要组成部分之一。无公害食品、绿色食品和有机食品都是安全性食品，这三类食品像一个金字塔，塔基是无公害食品，中间是绿色食品，塔尖是有机食品，三者之间存在一定的联系，安全是这三类食品突出的共性，它们从种植、收获、加工生产、贮藏及运输过程中都采用了无污染的工艺技术，实行了从土地到餐桌的全程质量控制，保证了食品的安全性。但三者之间也有区别：①标准上有差异，绿色标准要高于无公害食品标准，绿色食品对有毒有害物残留的限量标准较高，绿色食品又分为 A 级和 AA 级。AA 级基本上等同于有机食品，是纯天然食品；而无公害食品的标准是有毒有害物质控制在一定的范围之内。②内在品质和消费对象不同，绿色食品在强调安全的同时，还强调优质、营养，作为一种消费习惯，绿色食品有特定的消费群体；无公害食品主要强调的是安全性，是最基本的市场准入标准，它的消费对象是大众化消费。③动作方式有区别，绿色食品是推荐性标准，政府引导，市场动作；无公害食品是靠政府推动的，某种程度上是一种强制性行为，因为其中的许多标准，是强制性标准。④绿色产品是产品商标，有专用的知识产权；无公害食品是一种质量标识。

有机食品、绿色食品是无公害食品发展的高级形式，无公害食品是绿色食品、有机食品发展的基础。实施无公害食品行动计划的过程就是推动全国食品质量安全上水平的过程，无公害食品行动搞好了，就可以为绿色食品、有机食品的发展和壮大提供更多的技术支撑和市场空间。

3. 无公害猴头菇产品

无公害猴头菇产品是在无公害食用菌产品定义的基础上，仅对猴头菇品种进行规定的，即指该猴头菇产品中不含有公害污染物，包括农药残留物、重金属、有害微生物等，或者所含公害污染物被控制在残留限量标准（MRL）下。其基本要求是安全、卫生，对消费者的身心健康无危害。从要求的严格程度上讲，无公害教绿色、有机两类产品要求要宽松得多，达到无公害标准实际上只是取得了市场准入证。从这个意义上说，无公害的要求是最低要求。

（二）绿色猴头菇产品及标准

1. 绿色食用菌

绿色食用菌是指食用菌生产地的环境质量符合 NY/T391-2000 的要求，生产过程中严格按照绿色食品生产资料使用准则和生产操作规程要求，限量使用限定的化学合成生产资料，产品质量符合绿色食品产品标准，经专门机构认定许可使用 A 级绿色食品标志的产品。

发展绿色食用菌产品，从保护、改善生态环境入手，以开发无污染食品为突破口，将保护环境、发展经济与增进人们的健康紧密地结合起来，促进环境、资源、经济、社会发展的良性循环[2]。

2. 绿色食用菌的原产地保护证书

原产地域产品保护始于欧洲,旨在保护民族传统精品。在国际贸易中,原产地域保护证书和原产地标志是不可或缺的“护照”,世贸组织成立后,原产地域产品受《知识产权保护协定》保护。世界人工栽培香菇的发源地——浙江省庆元县,是世界人工栽培香菇的发源地,也是中国最大的香菇生产基地,香菇总产量约占全国的1/10,其中60%销往日本、韩国、东南亚等国家和地区。为确保“庆元香菇”品味纯正,这个县制订了产前、产中、产后全过程的技术规范,并拨出专项资金鼓励农民按绿色技术标准种植香菇。经过不懈的努力,庆元县的香菇终于获得原产地域保护证书。庆元香菇是中国第一个获得此类“护照”的食用菌品种[2]。

3. 绿色食用菌的特点

无污染、安全、优质、营养是绿色食用菌的特征。无污染是指在绿色食用菌生产、加工过程中,通过严密地监测、控制,防范农药残留、放射性物质、重金属、有害细菌等对产品的污染,以确保绿色食用菌的洁净。绿色食用菌的优质特性不仅包括产品的外包装水平高,而且包括内在质量水准高。产品的内在质量又包括两方面:一是内在品质优良;二是营养价值和卫生安全指标高。

为了保证绿色食用菌产品无污染、安全、优质、营养的特性,开发绿色食用菌产品有一套较为完整的质量标准体系。绿色食用菌标准包括产地环境质量标准、生产技术标准、产品质量和卫生标准、包装标准、储藏和运输标准以及其他相关标准,它们构成了绿色食用菌产品完整的质量控制标准体系。

绿色食用菌与普通食用菌相比有3个显著特征:

(1)强调产品出口最佳生态环境。绿色食用菌的生产从原料产地的生态环境入手,通过对原料产地及其周围的生态环境因子严格监测,判定其是否具备生产无公害农作物产品的基础条件。

（2）对产品实行全程质量控制。绿色食用菌生产实施“从土地到餐桌”全程质量控制，通过产前环节的环境监测和原料检测，产中环节具体生产、加工操作规程的落实，以及产后环节产品质量、卫生指标、包装、保鲜、运输、储藏、销售控制，确保绿色食用菌的整体产品质量，并提高整个生产过程的技术含量。

（3）对产品依法实行标志管理。绿色食用菌的标志是一个质量证明商标，属知识产权范畴，受《中华人民共和国商标法》保护[2]。

4. 绿色食用菌的标准

国家强制性标准《GB7096-2014 食品安全国家标准 食用菌及其制品》，同时，农业部（现农业农村部）也发布了行业标准《NY/T 749-2018 绿色食品 食用菌标准》。

5. 优质食用菌产品的标准

评价食品质量首要的一个标准是营养价值。食用菌多作为蔬菜食用，在这个意义上，评价食用菌的质量，除营养价值外，还包括口感、风味和外观等，同时必须符合食品卫生要求[2]。优质食用菌应该具备如下特征：

（1）具有食用菌固有的营养价值

众所周知，食用菌是高蛋白、低脂肪，富含多种矿物质和维生素，富含膳食纤维的营养食品。这是食用菌自身固有的特性，但是当栽培或采收贮存不当时，其营养价值会降低。如采收前大量喷水的菇，蛋白质含量会大大降低，采收过熟的菇，其蛋白质、必需脂肪酸和维生素含量大大下降，营养价值大减。

（2）具食用菌固有的口感和风味

食用菌口感滑润清脆，风味独特清香。然而，栽培技术不当、采收不当或贮存不当，都会改变其质地和风味，甚至会导致其食用价值降低或丧失。采收过晚，菇体纤维化增加，口感变差，风味大减。贮存不当或时间过长，多数食用菌都会产生异味，口感和风味都会不同程度地变差。

(3)符合食品卫生安全标准

任何食品的食用价值不论多高，从理化指标上，前提条件是对人体有害物质的含量必须在食品卫生规定的限量值之内，即必须是安全的。离开这一点，营养价值、食用价值都无从谈起。评价食品的食用安全性检测项目主要有三大类：①重金属，主要元素有砷、铅、汞、镉等；②杀虫剂，主要是有机氯、有机磷和菊酯类等；③杀菌剂，食用菌主要有多菌灵、百菌清、甲醛等。

按照食用菌栽培技术规程进行规范化生产的食用菌，可完全符合食品卫生和安全标准。但是，由于食用菌发菌期封闭生长和子实体较强的吸水性和吸附性，一旦违反栽培技术规程，农药残留问题较绿色植物严重得多。因此，食用菌培养料中添加剂的使用、栽培期的病虫害防治、保鲜加工过程中化学剂的使用，都要十分谨慎，都要严格按照技术规范进行。

(4)具有食用菌特有的外观

不同种类的食用菌都有其特定的外观，这包括形态、色泽、圆整度等。其外观受品种和栽培技术的影响，也受采后处理技术的影响。产前、产中、产后的各个环节都影响着食用菌的质量。

(三)有机猴头菇产品及标准

1. 有机食用菌定义及标准

有机食用菌是在条件适宜的生态环境中，选用抗逆性较强的菌种，采用无污染的原辅材料和水，在生产过程中不得使用化学合成的农药、肥料及生长调节剂，加工过程中不使用合成保鲜剂等而生产的食用菌及相关产品。

2. 有机食用菌标准

参照国家有机产品标准《中华人民共和国国家标准：有机产品（GB/T19630.1-19630.4-2011）》食用菌栽培部分：

菌种：菌种的管理应符合农业部（现农业农村部）颁发的《全国食用菌菌种暂行管理办法》的要求，菌种培养基中不允许使用化学合成的杀虫剂、杀菌剂、肥料及生长调节剂。菌种应注明来源、品种清楚，并经认证机构认可。菌种应具有较好的生长性和较强的抗逆性。

环境：地栽食用菌的土壤，在采集前 3 年内，未使用过生产有机食品禁止使用的物质并符合 NY/T391 中 4.5 的要求。

拌料、菇床喷洒、环境加湿或清洗栽培用的各种材料、器具，必须用清洁的井水、河水、湖水或自来水，并应符合《GB 5749-2006 生活饮用水的卫生标准》中的 2.1.2.2、2.3、3.2.5 及 4 的要求。

生产场所：食用菌的生产区与周围地区应具有明确的缓冲区和边界（不少于 50 m），以避免常规农业生产区的影响。

有机生产区内的不同生产功能区应合理布局，并标注清楚。

生产用原辅材料：栽培食用菌的主要原辅材料为木屑、动物粪便、棉籽壳、各种秸秆、玉米芯、豆饼粉、麸皮、米糠等，有些还需要覆土。征得认证机构的同意，允许使用不超过 20% 的不带有化学合成农药、化肥、重金属、病原微生物、虫害等有害物质的非有机物质（覆盖材料和添加水分除外）。

木屑：由适宜食用菌生长树种的枝干，砍伐后不经化学处理粉碎而成。对于树木的利用，应以不影响其生长和环境的可持续发展为原则。

畜禽粪便：应来源于以天然饲料或有机饲料喂养、以散养的方式养殖的动物，并明确其种类。

棉籽壳、各种秸秆等农作物废弃物：来源于按有机方式生产的农作物。

覆土：一般为天然的、未经化学处理的泥炭土、草炭土以及一些天然的、具有良好的透气性和持水性的物质,如藻类。也可单独或混合使用符合有机生产要求的农田土壤。

转换期:食用菌被称作有机产品前,一定要保证在其生产区域最短12个月内未使用过禁用物质。

生产管理:原料仓库应与拌料、制包、灭菌、冷却、接种区保持一定距离,接种室和培养室要与栽培场地隔离,并保持好周围环境的卫生。

3. 有机食用菌生产的特殊要求

欧盟、美国和日本都对有机食用菌生产提出了特殊性要求和标准,而且绝大部分内容是一致的,具体体现在以下几个方面:

首先,食用菌栽培不是以土壤为生产介质的,因此它不需要经历从非有机生产到有机生产的转化过程,这一点与其他农作物是有显著区别的。开展有机食用菌生产,一般只要在上一个非有机生产周期结束后,做好必要的卫生和准备工作,就可以引入有机生产管理。

其次,食用菌生产是以各种农林废料(农作物秸秆、木屑等)为主要原料的。发达国家和地区要求栽培有机食用菌的培养料必须绝对来自有机原料。以椴木或木屑为主要生产原料的美国、日本和欧盟都规定椴木和木屑必须取自无污染的原始森林,而且要保证木头的运输、加工过程中不被有毒、有害物质污染。

另外,各国和地区都尚未要求使用有机原料制成的菌种。和其他种植业一样,有机食用菌生产过程中不允许使用农药和消毒试剂。各国一致推荐使用蒸汽对菇房进行消毒,注意保持环境卫生,采用物理和生物的方法进行病虫害综合防治。使用过的有机食用菌培养料是宝贵的可再利用资源。通常情况下,使用过的有机培养料应运送到有机农场加工成有机肥料。

对于在某个食用菌农场里同时存在有机生产和非有机生产的情形,各国和地区都要求有机生产和非有机生产必须进行永久性隔离。

而且，为防止交叉污染，有机生产和非有机生产之间相互转化通常也是不允许的[3]。

（四）绿色食用菌产品的认证与管理

无公害食品是市场准入的基本要求质量标准，绿色食品是在无公害食品基础上，达到发达国家食品标准的食品。中国绿色食品发展中心对绿色食品的认证有明确的认证程序，如下：

1. 绿色食品认证

具有绿色食品生产、经营条件的单位或个人，均可向当地绿色食品办公室提出申请，按绿色食品申报程序进行申报工作。

（1）绿色食品认证程序

绿色食品认证程序示意图如下图所示（图 7.1）。

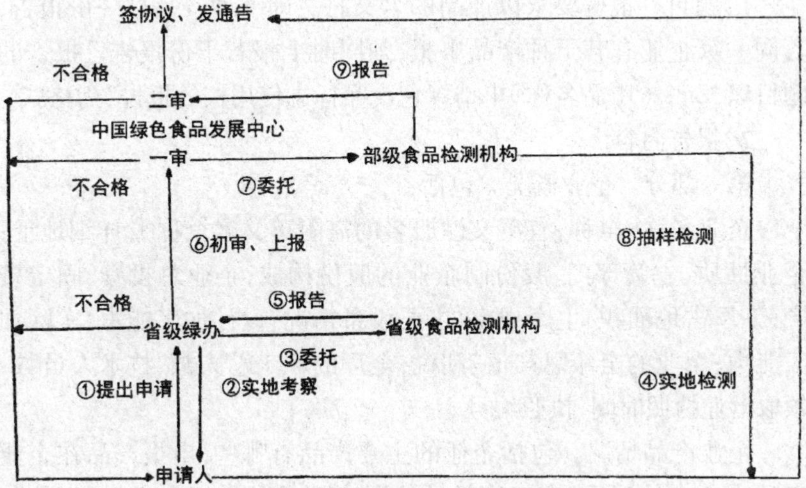

图 7.1　绿色食品认证程序示意图

图中②实地考察指考察原料基地、加工厂周围的生态环境条件

(例如工、矿、化学企业及其他生活污染源)。

图中④实地检测指对原料基地的土壤、大气、灌溉水、加工水中的农残、重金属、有害微生物实行检测。

图⑥初审、上报指对申报材料的原料种植过程中肥料、农药及其他生产操作措施及加工过程中食品添加剂等其他加工技术措施的审查。

图⑧抽样检测指对申报产品的农残、重金属、有害微生物、营养物质含量的检测。

(2)申报报告

申请人在申报时需上报绿色食品申请报告。"报告"是绿色食品办公室为全面了解申报企业及其申报产品的情况,要求企业在为其产品申请绿色食品标志使用权时所必须上报的。

报告内容主要包括以下几点:

1)题目。报告要求以产品的名义打。即一种产品打一份报告,若同一家企业有若干种产品申报,须同时上报若干份报告。报告的题目以"××(产品名称)申请绿色食品标志使用权的报告"为格式。

2)报告内容

第一部分　企业概况。包括:

企业名称(全称,有英文注册名的需附英文名全称),详细地址;企业性质、主管部门、股份制企业的股份构成;企业总投资、固定资产;工厂占地面积、生产规模、主要设备情况、设计加工能力、实际加工能力;企业的全年总产值、利税;全厂的职工总人数、技术人员数;领取营业执照时间、执照编号。

企业产品情况。包括企业的主要产品有哪些,申报产品在企业产品中所占的比重;申报产品的注册商标及其商标审定号;年加工量、年产值;产品的加工工艺流程及工艺特点。

第二部分　申报产品的无污染生产情况。包括:

产品原料产地的农业生态环境情况。产地附近的工厂分布情况（有无大型化工厂及造纸厂等有污染排放的企业）。产地的土壤类型，以及当地的矿产情况，产地周围河流和水源情况。

产品原料产地的历史。3年来的生产方法（耕作制度、作物茬口等），使用的物质（农药、肥料、农膜等生产资料），收获作物产量、收获作物及净化方法。

原料生产的操作规程。

农作物种植：种植作物的性状特点，介绍作物从育种、栽培、施肥、病虫害防治到采收全过程的情况。

本年度肥料的施用情况，肥料来源、种类、使用农药的种类及施用方法。

本年度的主要病虫害的种类、防治方法，使用农药的种类及施用方法。

加工生产操作过程：包括加工设施、加工工艺、添加剂和使用方法，加工用水、生产车间的该况。

加工设施包括主要的加工设备名称、型号、制造单位及加工特点。加工工艺包括工艺流程图及本产品的加工工艺特点，添加剂的类型，使用量及使用方法等，产品原料在成品中的使用比例等。生产车间的要况包括设备布置、排水、防尘、防虫等卫生设施等。

产品的包装装潢：产品的外包装方式、规格，或标志后的外包装设计计划。除此之外，如原料非本企业自有的，须说明本企业与原料供应厂家的购销和供货情况，有无协议。

第三部分　企业规划

工厂在获得标志后的发展规划。

总之，报告应着重叙述种植、加工过程的无公害控制情况及产品特点。报告要尽量翔实，并附报以下材料或其复印件：企业营业执照；生产卫生许可证；产品的执行标准；原料产地的地形图；产品的外包装；企业技术规程及质量管理手册；《商标注册证》复印件。

2. 绿色食品标志的使用和管理

（1）绿色食品标志的含义

绿色食品标志由3部分构成，即上方的太阳、下方的叶片和中心的蓓蕾。标志为正圆形，意为保护。整个图形描绘了一幅阳光明媚照耀下的和谐生机，告诉人们绿色食品正是出自纯净、良好生态环境的安全无污染食品，能给人们带来蓬勃的生命力。绿色食品标志还提醒人们要保护环境，通过改善人与环境的关系，创造自然界新的和谐。

绿色食品标志作为一种特定的产品质量的证明商标，其商标专用权受《中华人民共和国商标法》保护。

（2）绿色食品标志的使用

绿色食品的质量保证，涉及国家利益，也涉及消费者的利益，全社会都应该从这个利益出发，加强对绿色食品的质量及标志正确使用的监督、管理。

根据农业部（现农业农村部）印发的《绿色食品标志管理办法》的规定，生产企业取得绿色食品标志使用权的产品，在使用绿色食品标志时应注意以下几点：

第一，绿色食品标志在使用时，须严格按照《绿色食品标志设计标准手册》的规范要求正确设计，并经中国绿色食品发展中心审定。

第二，使用绿色食品标志的单位和个人须严格履行"绿色食品标志使用协议"。

第三，作为绿色食品茶生产企业，改变其生产条件、工艺、产品标准及注册商标前，须报经中国绿色食品发展中心批准。

第四，由于不可抗拒的因素暂时丧失绿色食品生产条件，生产者应在1个月内报告省、中国绿色食品发展中心两级绿色食品管理机构，暂时终止使用绿色食品标志，待条件恢复后，经中国绿色食品发展中心审核批准，方可恢复使用。

第五，绿色食品标志编号的使用权，以核准使用的产品为限。未经中国绿色食品发展中心批准，不得将绿色食品标志及其编号转让给其他单位或个人。

第六，绿色食品标志使用权自批准之日起 3 年有效。要求继续使用绿色食品标志的，须在有效期满前 90 天内重新申请，未重新申报的，视为自动放弃其使用权。

第七，使用绿色食品标志的单位和个人，在有效的使用期限内，应接受中国绿色食品发展中心指定的环保、食品监测部门对其使用标志的产品及生态环境进行抽检，抽检不合格的，撤销标志使用权，在本使用期限内，不再受理其申请。

第八，对侵犯标志商标专用权的，被侵权人可以根据《中华人民共和国商标法》向侵权人所在地的县级以上工商行政管理部门要求处理，也可以直接向人民法院起诉。

第九，绿色食品产品的包装、装潢应符合农业部（现农业农村部）《绿色食品标志设计标准手册》的要求，取得绿色食品标志使用资格的单位，应将绿色食品标志用于产品的内外包装，该手册对绿色食品标志的标准图形、标准字体、图形与字体的规范组合、标准色、广告用语及用于食品系列化包装的标准图形、编号规范均做了严格规定。

《农业部"绿色食品"产品管理暂行办法》第四条规定，绿色食品产品出厂时，须印制专门的标签，其内容除必须符合国家 GB7718-标准外，还应标明主要原料产地的环境、产品的卫生及质量等主要指标。

（3）绿色食品标志的管理

绿色食品标志是一种质量证明商标，使用时必须遵守《中华人民共和国商标法》的规定，一切假冒、伪造或使用与该标志近似的标志均属违法行为，各级工商行政部门均有权依据有关法律和条例予以处罚。

中国绿色食品发展中心是代表国家管理绿色食品事业发展的唯一权力机构，并依照《绿色食品标志管理办法》对标志的申请、资格审查、标志颁发及使用等进行全面管理。各省（区、市）绿色食品办公室食受中国绿色食品发展中心委托的管理部门，履行由中国绿色食品发展中心划定的职责，并在各地政府的领导和支持下，直接为绿色食品企业服务。中国绿色食品发展中心在全国范围内设立的食品监测网，及各地绿色食品办公室委托的环保机构形成的监测网，对绿色食品生态环境及产品质量进行技术性监督管理[3]。

参考文献

[1] 王世东. 无公害农产品高效生产技术丛书——食用菌[M]. 北京：中国农业大学出版社，2005：365-365，396-401.

[2] 明宝红，崔景琳. 绿色食品健康生活系列丛书——绿色食用菌与保健[M]. 北京：中国医药科技出版社，2005：8-12.

[3] 食用菌分会秘书处.2006 世界有机食用菌产业发展现状与前景[J]. 国际农产品贸易：2006.1：24-25.

第八章　猴头菇的液体发酵与活性成分

（一）猴头菇的液体发酵

1. 猴头菇液体发酵生产工艺

猴头菇液体深层发酵，是在密闭容器内，采用适合猴头菇生长的液体培养基，大规模培养出相应产品的生产方法。它是在工业微生物技术和医药微生物技术基础上发展起来的菇类生产技术。猴头菇液体发酵的目的主要是取代子实体，在短时间内获得大批量菌丝体，一部分用作菌种以扩大生产，另一部分用于制造深加工产品[1]。

（1）菌种 L19

引自江苏扬州市江都区天达食用菌所。

（2）母种培养基及培养

葡萄糖 10 g、马铃薯 200 g、磷酸氢二钾 1 g、硫酸镁 0.5 g、琼脂 20 g，水 1 L。经煮汁过滤、热溶后装试管，加棉塞、扎把，于 0.1 MPa 下灭菌 0.5 小时，制斜面。冷却后接种引入菌种，于 22~25 ℃下培养 12~15 天，待斜面长满白色菌丝、无杂菌即为母种培养成功。

（3）摇瓶培养基及培养

①一级摇瓶培养基。麦麸（煮沸后取其滤液）5 g、葡萄糖 2 g、蛋白胨 0.2 g、磷酸氢二钾 0.1 g、硫酸镁 0.5 g、pH 值自然。500 mL 三角瓶装量 100~120 mL，瓶口用 2 层纱布包扎，0.1 MPa 下灭菌 45 分钟，

冷却后每瓶接入母种小指头大小的一块。于 24~26 ℃下、摇床上培养 5~7 天，待菌瓶内充满白色菌丝球、菌液透明即可。②二级摇瓶培养基及培养方式与一级摇瓶相同。但二级摇瓶的大小为 2500~5000 mL，用一级摇瓶培养即得菌液接种于二级摇瓶，接种量为 10%，其发酵条件与一级摇瓶培养相同。

（4）一级种子、二级种子培养

培养基：葡萄糖 2%，豆饼粉 1%，酵母膏 0.1%。磷酸氢二钾 0.1%、硫酸镁 0.05%，装量为罐容量的 70%。蒸汽压力 0.12 MPa 下灭菌 45 分钟，待料温回落至 25 ℃，接入二级摇瓶种子液 5%，于 24~25 ℃下通气培养 7 天，通气量 1∶1（每分钟体积比），罐压为 0.5×10^5 Pa，当培养料充满菌丝球、菌液透明即可转入二级种子罐发酵培养。培养料及处理、培养条件均同上，接种量为 10%，培养 5 天达到二级种子培养标准，即可作为发酵罐菌种。

（5）发酵罐培养

这是培养终端产品的容器，大小为 5~50 t 不等，投料量为 60%~70%。培养料：蔗糖 3%，黄豆粉 1.5%，玉米粉 1.5%，蛋白胨 0.1%，磷酸氢二钾 0.1%，硫酸镁 0.05%，pH 值为 5.0~6.5，蒸汽 0.12 MPa 下灭菌 1.5 小时，冷却后接入二级发酵罐种子液，接种量为 10%（体积分数），发酵条件同种子罐培养，发酵周期 5 天左右，菌丝球干重达 1%~1.2%，发酵液澄清透明，pH 值为 4.5 以下，残糖量为 0.2%左右，即可中止培养，并往发酵罐中通入蒸汽加热至沸，保温 50 分钟，使菌丝体中多糖、多肽溶解，蛋白质沉淀。冷却后过滤得到猴头菇发酵提取液备用。

（6）发酵过程的监测

污染的检查及预防：液体猴头菇发酵要求纯种培养，因此杂菌污染的防治是十分重要的。污染的检查方法，要求检查方法准确快速，及时发现,及时采取措施。①显微镜检查:在发酵过程中定时取样(每间隔 6~8 小时或 12 小时),用接种环取 2~3 环发酵液涂片,制成临时玻片,显微镜观察,或涂片染色镜检。如发现异常菌体或菌体碎片等情况就说明已经污染。显微镜检查方法简便,速度快,能及时发现杂菌,但由于取样少,视野观察面小,不易检查出少量的杂菌。②画线培养检查:一般是将样品直接在培养基上画线培养(28~30 ℃),亦可先经肉汤培养基增殖之后再进行画线培养。画线法反应结果较慢,操作复杂,但能检查出少量污染菌。③肉汤培养检查:取发酵液 1 环接种于酚红肉汤试管中,置于 28~30 ℃下培养,如溶液由红变黄,表明发酵液中染有细菌;如溶液红色不变,则无细菌生长。

细菌酚红肉汤培养基配方:蛋白胨 1%,葡萄糖 0.3%,牛肉膏 0.3%,氯化钠 0.5%,酚红 0.003%(酚红先配成 1%的酒精溶液备用),pH 值为 7.5,于 121 ℃下灭菌 30 分钟。

污染的预防:据国内外发酵生产资料来看,污染原因有种子带菌、罐体或管件渗漏、罐或管路中灭菌死角、空气净化系统染菌、蒸汽压力不足而灭菌不彻底、操作不慎、环境污染等。以设备渗透和空气系统的染菌为主,其他则次之。在发酵研究及生产中,为预防杂菌污染,要做到:保证种子不带杂菌;严格进行设备及培养基的灭菌,尤其是对设备死角的灭菌;对设备要勤检查,杜绝设备、管件的渗透;对空气系统进行定期检查,防止过滤介质受潮及培养液浸透结块,保证空气过滤器处于良好的工作状态;严格操作规程,避免由于操作不慎引起的污染;保持罐体正压运行,防止搅拌器轴封、闸阀泄漏。

菌丝量:经 3000 转/分离心机离心 10 分钟,倾去上清液后称量菌丝鲜重,或将湿菌丝在烘箱中 60~80 ℃下烘至恒重后称量菌丝干重。

发酵液中的含糖量:总糖是发酵液中各种糖的总量,是观察和计算发酵过程中糖消耗的主要数据。还原糖是培养基中含有自有醛基的糖,反映微生物可以直接加以利用的糖量,对发酵的影响较为显著,常作为收菌放罐的参数之一,也是决定是否补料的参数。

氨基氮:培养基中氨基氮含量的变化往往也反映了代谢的变化,作为收菌放罐的参数之一,以及补料的参数。

此外,根据不同的发酵目的,还有不同的分析项目,例如,若是培养栽培菇用的液体菌种,就要进行菌球大小、数量、均匀度的检查以及菌丝形态和生活力的检查;若是为了获得代谢产物,就要进行代谢产物含量的测定[2]。

2. 猴头菇液体生产工艺设备及产品提取

猴头菇液体发酵生产需要纯培养,即生产过程在相对密闭状态下,既要能满足培养菌种的生长条件,还要有利于生产操作等诸多因素。

液体发酵工艺设备关键包括两个部分:发酵系统,即发酵罐、种子罐的;空气过滤系统,即空气压缩机。两部分用管道连接,并且要求密封。空气过滤系统是使用空气压缩机,把大气中的空气压缩进管道或贮气罐,经油水分离器、总过滤器、分过滤器多级过滤除菌装置,得到无菌空气送入发酵罐,供其中猴头菇菌丝的生长、发育需要。发酵罐用不锈钢材料制造,罐体立式加圆筒形,罐体直径与高度之比为 1∶(2.5~3.0),其容积为 5~30 万升。罐体上由传动装置、密封装置、通气搅拌装置、冷却装置、除泡装置、控制仪表及与设备工艺有关管道组成。

除此以外,发酵罐还须满足以下工艺要求:①适宜的高径比,罐身越长,氧的利用率越高;②能承受一定的压力,罐体各部件要有一定强度;③应有足够的冷却面积;④罐体内尽量减少死角,以便灭菌彻底;⑤搅拌器的轴封应严密,不得泄漏。

猴头菇液体发酵产物为菌丝体和发酵液,当每一批发酵罐培养结束后,即可放罐或用管道连接的泵将发酵产物放进贮藏罐,进行后处理。

猴头菇发酵产物的后处理第一步为离心或过滤,使滤液和菌体分离，然后再根据不同企业的设计需要，对滤液或菌体做进一步处理。菌丝体可以作为扩大生产的菌种，也可以分离作为子实体的代替物用于食品、饲料、药品等产品的研发。滤液含有氨基酸、多糖、抗生素、生物碱等多种物质，可以通过与菌丝提取液混合后经浓缩、脱色，再经盐析、离子交换，溶媒萃取、等电点沉降、喷雾干燥等方法精制或结晶、干燥后，经粉碎至一定细度，经造粒或压片等即为成品[1]。

3. 液体菌种

与固体菌种相比，液体菌种具有生产周期短、菌丝发育点多、接种后菌丝蔓延迅速、菌龄整齐等优点，在一定条件下用于菇床、菌种瓶及栽培袋的接种可以明显缩短生产周期。如用液体菌种生产麦粒种，温度适宜时，3~5 天后遍布全瓶，要比固体菌种接种快几倍。用液体菌种接种后，在适宜条件下培养， 10~20 天即可出菇。但是液体菌种对设备和原料的要求高，并且不易贮存，不利于运输，在培养过程中有时会出现“去双核化”现象，使双核菌丝体变成单核菌丝体，从而给进一步扩大培养和栽培带来一定的风险[1]。

（二）猴头菇多糖

多糖是猴头菇中较为重要的活性物质之一，其活性部分为 β（1 → 3）糖苷键连接的主链和 β（1 → 6）糖苷键连接的支链构成葡聚糖。猴头菇多糖可降低模型大鼠胃黏膜的溃疡指数，增加胃黏膜血流量，促进生长因子的分泌，对胃黏膜上皮的再生和修复起重要作用，从而增强胃黏膜的自身防御功能，具有养胃功效。另外，猴头菇多糖还可提高机体免疫细胞的免疫杀伤能力，控制并且阻止肿瘤的产生发展，具有辅助治疗肿瘤的作用，可广泛应用于医药及保健食品领域。

1. 猴头菇多糖的主要功效

（1）提高免疫力及抗肿瘤

抗癌是多糖类化合物的重要生物活性，具有不良反应小、与化疗药物联用有协同效应的特点。作用机制是通过增加巨噬细胞的吞噬作用，促进免疫球蛋白形成，升高白细胞，提高淋巴细胞转化率和机体本身的抗病能力，并可增强机体对放疗、化疗的耐受性，抑制癌细胞的生长和扩大。

（2）抗溃疡

猴头菇治疗消化性溃疡的有效率为87.2%，治疗慢性胃炎总有效率为96.3%，胃及溃疡94.4%，十二指肠球部溃疡总有效率为92.7%。其作用机制是猴头菌的氨基酸和多糖成分对胃黏膜上皮的再生和修复起重要作用，能增强胃黏膜屏障功能。同时，猴头菇对胃胀、嗳气、泛酸、大便隐血、食欲缺乏等均有良好的治疗作用。

（3）抗衰老

多糖能增强免疫功能、清除自由基而起到抗衰老作用。猴头菇多糖可增加小鼠脑和肝脏中的SOD活力，明显降低果蝇和小鼠的心肌脂褐质含量，提高果蝇的飞翔能力，具有抗衰老、抗疲劳作用。

（4）降血糖

猴头菇多糖能明显降低血糖浓度，且对血清中的甘油三酯和总胆固醇含量的降低都有明显的作用效果。

（5）抗辐射

猴头菇多糖还具有抗微波辐射的功能，其防护作用机制可能与其增强机体免疫功能、增强免疫调节和保护造血组织有关。

（6）其他作用

猴头菇属真菌多糖，还有保肝护肝，健胃益脾，抑菌，抗凝血，抗白细胞下降，治疗神经衰弱、身体虚弱等疾病，降血脂、抗血栓作用。

2. 猴头菇多糖的提取方法

(1)水提醇沉法

该方法利用猴头菇多糖可溶于水而不溶于乙醇有机溶剂的特点，将多糖分子溶出，再经过脱蛋白、真空浓缩、乙醇沉淀、喷雾干燥等分离步骤，最后得到猴头粗多糖。该方法可以和微波提取或超声波提取相结合，利用微波能够破坏细胞壁，超声波能够破坏细胞膜的原理，使细胞内部的多糖成分有效析出，从而提高多糖的提取率。

水提醇沉法对设备的要求不高，生产成本较低，适用于工业化生产，是目前猴头菇多糖提取普遍采用的方法。该法的缺点是容易把蛋白质、苷类等水溶性的成分也一块儿浸提出来，为后续的多糖纯化、分离带来困难，且提取时间比较长。

(2)酶解法

酶解法提取多糖可采用单一酶解法和复合酶解法。单一酶解法经常使用的酶制剂，包括蛋白酶、纤维素酶等，蛋白酶能将游离的蛋白水解，降低对原料的结合力，有利于多糖的浸出。复合酶解法可将多种酶共同作用，促进细胞壁破裂，使细胞壁内部的活性多糖释放出来。酶解法提取多糖受酶的加入量、酶解温度、时间等因素的影响，这种方法成本较高，受制约因素较多，但所提取的多糖纯度高、杂质少，多糖提取率高。

(3)超临界萃取法

超临界萃取技术是一种新发展起来的提取技术，利用的原理是超临界流体在临界温度和压力下兼有液体和气体的特点，密度大，黏稠度小，能很好地溶解渗透到提取材料中，从而发挥有效的萃取功能。溶解力随压力升高而增大，提取结束后，再减压将物质释放出来。超临界萃取法的优点是能够保持有效成分的活性，没有溶剂残留,缺点是提取设备复杂,运行成本高,提取范围有限。

(4)酸碱提取法

酸碱提取法是对水提醇沉法的辅助工序。酸提法是利用葡萄糖醛酸等酸性基团的多糖在较低 pH 值下难以溶解的特性,添加乙酸或盐酸将提取液变为酸性,再加乙醇使多糖沉淀析出。酸提法的优点是所得多糖产品纯度相对较高,缺点是酸性条件下能引起多糖的糖苷键断裂,且对提取容器有腐蚀性。碱提法是利用多糖在碱性溶液中稳定,并且碱有利于酸性多糖的浸出,提高多糖收率,缩短提取时间。这个方法的缺点是浸提液有碱味,溶液呈黄色,使得成品的风味和色泽都受到影响。

3. 猴头菇多糖常见的分离、纯化方法

(1)利用溶解度不同的分离方法(沉淀法)

常用的分级沉淀法是在混合多糖的浓水溶液中逐步加入乙醇,收集不同醇浓度下析出的沉淀。为了多糖的稳定,常在 pH 值为 7 时进行。但酸性多糖在 pH 值为 7 时,$-COOH$ 多以$-COO^-$离子的形式存在,故需在 pH 值为 2~4 时进行分离。为防止酸水解苷键,操作宜迅速。分级沉淀也可用糖的衍生物,如甲醚、乙酸乙酯,在醇溶液中分次加乙醚等极性更低的溶剂,各次沉淀需经反复溶解与醇析,直至测得物理常数恒定,最常用的是旋光度测定和电泳检查。含盐溶液沉淀法中常用的沉淀剂有乙醇、钡盐或锌盐(用于硫酸皮肤素)、乙酸钾等。

(2)利用电离性质不同的分离方法

多糖分子中的可电离基团有羟基及硫酸基,而且 pK、立体结构位置及硫酸基相连的基团不一,不同的羟基及硫酸基的 pK 又有微小不同。与此同时,各种多糖中有羟基及硫酸基数量也存在差别,这些差别成为多糖分离的重要依据。常用的有以下两种方法:①季铵盐络合法（季铵氢氧化物是一类乳化剂，可与酸性多糖形成不溶沉淀，常用于分离酸性多糖。而它与中性多糖不生成沉淀，需要调高 pH 值，使某些 OH 基解离，或加硼酸缓冲液提高糖的酸度使中性糖沉淀。常用的季铵氢氧化物如 CTA-OH/cetyl trimethylammonium hydroxide 和 CP OH/cetylpyridum hydroxide 均可在酸、中、微碱性和碱性条件下分级沉淀分离多糖）。②电泳分离。

（3）柱层析法

1）凝胶过滤（凝胶色谱/分子筛色谱/体积排阻层析）法

由于多糖富含氢键，沉淀法易造成的多糖絮凝而使结果产品相对分子质量分布过大，难以得到特定分子质量或较纯的多糖，而凝胶过滤法则可按分子质量分离出令人满意的多糖，成为工业上较常用的手段。常用于分离多糖的凝胶有葡聚糖凝胶（Sephadex G）、琼脂糖凝胶（sepharose，Bio-Gel A）和聚丙烯酰胺凝胶（Bio-Gel P）等。

2）活性炭柱层析

活性炭吸附量大、效率高，是分离水溶性成分的常用吸附剂。柱层析时活性炭中常拌入等量的硅藻土作为稀释剂，以增加溶液的流速。含糖的水溶液上柱后，先用水洗脱无机盐、单糖等，继而在水中增加乙醇的浓度，逐步洗出二糖、三糖以及更大的低聚糖。由于市售的活性炭中混入金属离子，因此应该预处理除去。一般可用 0.2mol/L 枸橼酸缓冲液洗涤炭粉或用 2~3mol/L 盐酸煮沸几次，再用蒸馏水反复洗至中性。

3）离子交换柱层析

阳离子和阴离子交换树脂对除去水提液中的酸、碱性成分和无机离子十分有效，除去这些杂质后的中性的糖及其苷再做进一步分离。但强碱性的树脂能与还原糖结合，用水不能洗脱，而且易进一步引起糖的异构化和降解。而强酸性的树脂易使不稳定的苷键裂解，尤其是呋喃糖苷键更易被裂解。所以在分离糖和苷时宜采用弱酸/弱碱型交联度比较小的离子交换树脂。将纤维素改性,使离子交换和纤维素层析结合起来制成一系列离子交换纤维素,用于分离糖类,获得良好效果。常见的阳离子交换纤维素有 CMCellulose、P-Cellulose、SE-Cellulose、SM-Cellulose,阴离子交换纤维素有 DEAE-Cellulose、ECTEOLA-Cellulose、PAB-Cellulose 和 TEAE-Cellulose 等。

4. 猴头多糖的测定方法

多糖的测定(定性、定量)方法很多,包括化学方法、物理方法、酶学方法和免疫学方法等。

(1)多糖的定性方法

常用的有电泳法(如鉴定黏多糖和中性多糖)、薄层分析法(如硫酸皮肤素、硫酸可的松的鉴定)、离子交换层析法(阴、阳离子交换层析法)、纸色谱法、柱色谱法、气相色谱法、高效液相色谱(HPLC)法、酶解法等。另外,还可以根据比旋光度,红外吸收光谱(IR)和紫外吸收光谱(UV)进行定性分析。

(2)多糖的定量方法

多糖的定量方法有比色定量法、分光光度法、纸色谱法、离子交换色谱法、薄层色谱法、酶法、高效液相色谱(HPLC)法、凝胶电泳法、亲和电泳法、次亚碘酸盐定量法、蒽酮-硫酸法等。每种方法均对某些多糖的测量效果较好。比色法、分光光度法、离子交换色谱法、酶法和电泳法等都可同时用于多糖的定性、定量分析。

(3)多糖分子质量的测定

在生物学研究中,发现某些多糖由于分子质量大小方面的差异,所产生的某些效应也有一定差异。用于多糖分子质量的测定的方法有渗透压法、蒸汽压渗透计法、端基法、黏度法、光散射法、凝胶色谔法、超滤法、沉淀法、凝胶电泳法、高效液相色谱(HPLC)法、超离心分析法和分子筛色谱法等。近年来已有人将高效凝胶渗透色谱法、小角激光散射法用于多糖分子量的测定。

5. 多糖结构分析方法

与其他生物大分子一样,多糖的二级及以上高级结构是以一级结构为基础的,不同的是,与蛋白质或核酸大分子比起来,多糖的一级结构“含义”丰富得多。测定多糖的一级结构,需解决以下几个问题:①多糖的分子质量;②多糖的糖基组成,各种组成单糖的分子数比例;③每一个单糖残基的 D-或 L-构型,吡喃环或呋喃环形成;④各个单糖残基之间的连接次序;⑤每个糖苷键所提取的异构形式;⑥每个糖残基上羟基被取代情况,有两个以上羟基同时被取代,则意味这个糖残基处在叉状链的分支点上;⑦多糖和非糖部分(肽链、甾醇、萜类等类脂物质)连接点的情况。

一级结构的测定不是轻而易举的,是一项具有挑战性的工作。要解决一种多糖的一级结构,必须解决多糖基的组成、糖基的排列顺序、相邻糖基的连接方式、异头异构型以及糖链有无分支、分支的位置与长短等。如成分复杂,也可折断成几种片段各自分析,然后凑成一个整个化合物。

多糖序列分析即测定多糖一级结构的常用方法见表 13-1,包括物理学方法——红外光谱、磁共振等;化学的方法——甲基化反应、部分酸水解等;生物学的方法——工具酶应用、免疫学方法等。选择使用和巧妙配合各种技术,得到各种有意义的信息和数据,从而构成推断多糖一级结构的基础。当然,多糖结构的微观不均一性,使多糖的分子质量测定和一级结构测定工作更加复杂化,这是研究者常常遇到的问题。

(三)猴头菌素

猴头菌素(erinacine)是从猴头菇菌丝体中分离得到的二萜类化合物,主要存在于猴头菇菌丝体中,是一类低分子量的生物活性物质。日本学者KawagishiH等[3]从猴头菌菌丝体中发现了3种具有促进神经生长因子合成活性的二萜类化合物。目前已从猴头菌中分离得到25种二萜类化合物[4]。猴头菌素能有效促进细胞神经生长因子(NGF)的合成,是治疗阿尔茨海默病等神经功能障碍疾病的潜在药物[5]。

(四)猴头菌酮

猴头菌酮(hericenones)是猴头菇的另一类重要低分子量活性物质,主要来源于猴头菌子实体。Kawagishi H等[6]分离和命名了多种猴头菌酮,其中Hericenone D, E, F具有较强的促进神经生长因子合成的活性。Zeng X等[7]通过猴头菇子实体蛋白质组分析,发现猴头菇中很多聚酮化合物生物合成基因在子实体中高度表达。Phan C. W.等[8]从猴头菇子实体分离获得4种猴头菌酮,其中猴头菌酮E对老年痴呆也有良好的治疗效果。Yaoita等[9]在猴头菇子实体中分离鉴定了一种已知的菌酮A。Ueda等[10]从猴头菇中分离提取得到3种新的菌酮,其中一种对内质网胁迫依赖的神经细胞坏死有保护作用。Mori等[11]的研究表明猴头菇中提取的菌酮B能够抑制胶原性血小板的凝集。血管凝集能够引起血栓,抑制血小板凝集能够预防和治疗多种心血管疾病,包括心肌梗死和卒中等。Kim等[12]在猴头菇中分离提取得到一种新的细胞毒异吲哚啉酮生物碱异菌酮。

(五)猴头蛋白质与氨基酸

猴头菇中还含有丰富的蛋白质,每100 g猴头菇干品含蛋白质26.3 g,还含有16种氨基酸,其中7种属人体必需的氨基酸,总量为11.12 mg。徐艳等[13]研究发现,其酶解后的小分子肽对羟基自由基、超氧阴离子等自由基具有较强的清除效果。上海农业科学院食用菌研究所的李巧珍、吴迪等[14]采用国际上通用的评价方法测定不同发育阶段猴头菌子实体蛋白质的氨基酸组成,对其蛋白质营养价值进行评价,结果表明:成熟后期的必需氨基酸含量最高,占其氨基酸总量的 52%,小菌刺期最低;氨基酸在现蕾期最高,分裂期次之,中菌刺期最低;蛋白质的在分裂期最高,中菌刺期最低;分裂期的必需氨基酸指数和生物价最高,中菌刺期时均降为最低;氨基酸比值系数分在现蕾期最高,分裂期次之,小菌刺期显著下降。研究为生产蛋白质营养价值较高的猴头菌以及确定合适的采收期提供了理论依据。

参考文献

[1] 李利,陈莎. 菇菌产品加工技术[M]. 北京:化学工业出版社,2015:248-252.

[2] 杨新美. 食用菌研究法[M] . 北京:中国农业出版社,1998:97-99.

[3] Kawagishi H，Shimada A，Shirai R，etal.Erinacines A，B and C strong stimulators ofnerve growth factor（NGF)-synthesis from themycelia of Hericium erinaceum[J]. Tetrahedron Letters. 1994,35(10):1569-1572

[4] 汪锴,陈保送,宝丽,等. 猴头菌属药用真菌活性次级代谢产物研究概况[J]. 菌物学报,2015,34(4):553-568.

[5] Shimbo M, Kawagishi H, Yokogoshi H, et al.Erinacine A increases catecholamine and nerve growth factor content in the central nervoussystem of rats[J].Nutrition Research,2005,25(6):617-623.

[6] Kawagishi H, AndoM, Sakamoto H, etal.Hericenones C, D and E, stimulators of nerve growth factor(NGF)-synthesis from themushroom Hericium erinaceum[J]. Tetrahadron Letters，1991，32(35):4561-4564.

[7] Zeng X, Ling H, Yang J W, et al.Proteomeanalysis provides insight into the regulation of bioactive metabolites in Hericium erinaceus[J].Gene,2018,666:108-115.

[8] PhanC W，LeeG S，HongS L，etal.Hericiumerinaceus(Bull.：Fr) Pers. Cultivated under tropical conditions：isolation of hericenones

and demonstration of NGF-mediated euriteout growth in PC12 cells via MEK/ERK and pathways[J].Food & function，2014，5(12)：3160-3169

[9] Y Yaoita，K Danbara，M Kikuchi. Two new aromatic compounds from Hericium erinaceum(BULL.：FR.)PERS(1)[J]. Chemical & Pharmaceutical Bulletin,2005,53(9):1202-1203.

[10] K Ueda，M Tsujimori，S Kodani，et al. An endoplasmic reticulum (ER)stress-suppressive compound and its analogues from the mushroom Hericium erinaceum[J]. Bioorganic & Medicinal Chemistry,2008,16(21):9467-8470.

[11] K Mori，H Kikuchi，Y Obara，et al. Inhibitory effect of hericenone B from Hericium erinaceus on collagen-induced platelet aggregation[J]. Phytomedicine,2010,17(14):1082-1085.

[12] KH Kim，HJ Noh，SU Choi，et al. Isohericenone，a new cytotoxic isoindolinone alkaloid from Hericium erinaceum[J]. Journal of Antibiotics,2012,65(11):575-577.

[13] 徐艳,丁静,孙桂红,等. 猴头菌丝多肽的制备及抗氧化活性研究[J]. 中国酿造,2014,33(6):91-95.

[14] 李巧珍,吴迪,陈明杰,等. 猴头菌子实体不同发育阶段蛋白质营养价值评价[J]. 农产品加工(下半月),2015,(6):73-77.

第九章　猴头菇的保鲜与加工

（一）影响猴头菇保鲜的因素

1. 温度

鲜菇的保鲜性能与其生理活动关系密切。在一定的范围内，温度越高，鲜菇的生理代谢活动越强，物质消耗越多，保鲜效果越差。据试验，在一定温度范围内（5~35 ℃），温度每升高 10 ℃，呼吸强度增大 1~1.5 倍。所以，温度是影响猴头菇保鲜的一个重要因素。

2. 水分与湿度

菇体水分直接影响鲜品的保鲜期。采摘猴头菇鲜品前 3 天最好不要喷水，以降低菇体水分，延长保鲜期。另外，猴头菇在贮藏过程中，对空气湿度的要求以 95%~100%为宜，如果低于 90%常会导致菇体收缩而变色、变形和变质。

3. 气体成分

在贮存鲜菇产品时，氧气浓度降至 5%左右，可明显降低呼吸作用，抑制开伞。但是氧气的浓度也不是越低越好，如果太低，会促进菇体内的无氧呼吸，基质消耗增多，不利于保鲜。一般空气中的二氧化碳浓度以 1%~5%比较适宜。

4. 酸碱度

酸碱度能影响菇体褐变。菇体内的多酚酶是促使变褐的重要因素。变褐不仅影响其外观，而且影响其风味和营养价值，使商品价值降低。当 pH 值为 4~5 时，多酚氧化酶活性最强，当 pH 值小于 2.5 或大于 10 时,多酚氧化酶变性失活,护色效果最佳。低 pH 值同时可抑制微生物的活性,防止腐败[1]。

(二)猴头菇的贮藏保鲜方法

1. 低温保鲜

影响鲜菇贮藏期限的直接因素是呼吸作用、蒸腾作用和褐变,因此保鲜工作的重点是控制呼吸、防止失水和遏止褐变。猴头菇适宜低温冷藏,不适宜真空贮藏。

低温贮藏又称冷藏,是利用自然低温或通过降低环境温度的方法,抑制鲜菇的生理代谢和酶活性,以达到延长贮藏保鲜期的目的。冷藏是一种行之有效的贮藏方法。冷藏的方法分冰藏和机械冷藏两种。冰藏在生产上最常采用,方法是将食盐或氯化钙加入水中使之降低冰点,冰藏时只需将冰袋放在鲜菇的上方即可。少量鲜菇保鲜可在检选、分级包装后再冰藏。大量鲜菇保鲜,则应在预冷冷库中检选、分级与包装,然后冷链运输。规模化生产经营都采用冷库贮藏即机械冷藏。

鲜猴头菇受挤压后极易褐变,因此在超市鲜销和网络销售时常采用保鲜盒包装。经包装后,常温下(15 ℃左右)也能保存 1 周,若在 0~6 ℃温度下则可保藏半个月,品质和风味基本不变。但是,鲜菇贮藏时间过长(常温下 7 天以上,冷藏半个月以上),菇体的颜色会变黄、风味变差,子实体变软、质松,甚至出现厌氧呼吸,产生异味[2,3]。

2. 简易脱水低温保鲜

将猴头菇用脱水机排湿,也可自然晾晒排湿。采用脱水机排湿时,要注意控制温度和排风量,以确保品质,脱水后的感官标准是手捏菌柄无湿润感,子实体稍有收缩。将排湿后的猴头菇按大小分级,分装于塑料筐内,送入冷库保鲜,冷库温度为 1~4 ℃。在冷库内包装,采用泡沫专用箱,内衬透明无毒薄膜,包装后要及时用冷藏车起用。保鲜期一般为 10 天[5]。

3. 负离子保鲜

将刚采下的菇体不经洗涤，在室温下封入 0.06 mm 厚的聚乙烯薄膜袋中。在 15~18 ℃下存放，每天用每立方厘米 1×10^5 个/浓度的负离子处理 1~2 次，每次 20~30 分钟。经过处理的鲜菇可延长保鲜期和保鲜效果。

负离子对菇类有良好的保鲜作用，能抑制菇体的生化代谢过程，还能净化空气。负离子保鲜食用菌成本低，操作简便，也不会残留有害物质，其中产生的臭氧，遇到抗体便分解，不会集聚。因此，负离子贮藏是猴头菇保鲜的一种有前途的方法[1]。

4. 辐射保鲜

辐射保鲜是一种成本低、处理规模大、见效显著的保鲜方法。用 ^{60}Co 等放射性源产生的射线照射后，可抑制菇体酶活性，降低代谢强度，杀死有害微生物，达到保鲜效果。辐射贮藏是保鲜新技术，与其他保藏方法相比有很大的优越性。如无化学残留物，能较好地保持菇体原有的新鲜状态，而且节约能源，加工效率高，可连续操作，易于自动化生产等优点。但这种保鲜方法对环境设备的要求十分高，使用放射性源要向有关单位申请，一般只有科研机构和规模化企业使用[1]。

（三）猴头菇的初级加工

1. 盐渍加工工艺

盐渍菇工艺流程：原料验收→修整→清洗→杀青→冷却→盐渍→装桶→成品。

（1）原料验收。用于盐渍的猴头菇应适时采收，子实体完整，色泽正常，无变色，无异味，无斑点，无病虫害及其他杂质。

（2）修整、清洗。剪去根部，将鲜菇放在自来水中冲洗干净。

（3）杀青。洗净后的猴头菇，立即放入沸水中预煮杀青，杀死菇体细胞，抑制酶活性，防止变色和开伞。沸水中可加入6%的食盐和0.1%的柠檬酸。杀青锅为不锈钢锅或铝锅，忌用铁锅，否则菇体会变黑。锅内装水量不能超过全锅的50%，菇量以水量的40%为宜。

杀青时要把盐水煮沸再放菇，下锅后要用笊篱上下翻动，使菇体均匀杀青。杀青以菇体中心熟透为度。

（4）冷却。杀青后，把菇体捞出置于冷水中冷却。冷却一定要冷透菇心，否则就会霉烂、发黑、发臭。捞起沥去水分后即可盐渍。

（5）盐渍。根据菇体总量的60%准备好盐渍用水，再按用量加入40%的食盐，要求盐度达到22~24波美度，不足时适量补加。经3~5天后，转入23~25波美度的饱和盐水中浸渍1周左右。这期间要勤检查，一旦发现盐水浓度不足18波美度，应马上补足盐分。一般情况下，要转缸2次，其作用是排除不良气体，并使吸盐均匀。每次转缸，都要用竹筚压下，使盐水浸过菇面，以免露出水面的菇体变黑。

（6）装桶或封缸。保存菇体的盐液是每100 kg清水加盐40 kg，煮沸溶液后冷却、沉淀，滤去杂质，加入2%的柠檬酸，此时盐度为18~22波美度。装桶时要在桶内先倒入3 kg以上的盐水，按菇体等级过秤后装桶，然后加足盐水。

2. 干制加工工艺

人工干制要求在较短的时间内，采用适当的温度，通过通风排湿等操作管理，获得较高质量的产品。其主要步骤如下：

（1）原料分级。烘烤前，按猴头菇的长短、大小进行分级，使干燥程度一致。

（2）装筛。装量厚度一般以不妨碍空气流通为原则。干燥过程中，随着原料体积的变化，可适当改变其厚度，例如干燥初期要薄一些，后期可适当集中而稍厚。

（3）升温。升温是关键技术。鲜菇进烘房前要预热烘房，使烘房温度达到 40~45 ℃。烘房温度初期为低温（30~35 ℃），以后逐渐升高至 60 ℃，最高温度不能超过 65 ℃。要注意不要冷房进菇，因为冷房进菇不但烘烤时间长，而且色、香差。升温不能太快，升温过快会使菇体发黄变黑，影响质量。

（4）通风排湿。鲜菇干制时，水分的大量蒸发使烘房内相对湿度急剧升高，甚至可以达到饱和的程度。因此，必须十分重视烘房内的通风排湿工作。一般当烘房内的相对湿度达到 70%以上，就应进行通风排湿。每次通风排湿时间以 10~15 分钟为宜。时间过短排湿不够，影响干燥速度和产品质量；过长会使烘房内温度下降过多，浪费燃料。

干制时，要烘到成品达到它的标准含水量（11%~12%），才能结束烘干工作，进入产品的分级、包装及密封保藏过程。

3. 罐头加工工艺

猴头菇罐头质量的好坏，主要是由菇色、菇体大小均匀性、嫩度、风味及汤汁清晰度等几个方面决定的。其工艺流程如下：

原料验收→修整→预煮→冷却→挑选分级→装罐注汤→排气→封罐→杀菌→培养检验→包装出厂。

（1）原料验收。鲜猴头菇要求菇形完整，组织紧密，菌刺短，无病虫害、无异味，含水量为 85%左右。

（2）鲜菇修整。剪去菇根，剔除不合格菇，然后立即浸入清水池中进行漂洗，洗净杂质，捞出装入干净的塑料筐中沥干。

（3）预煮杀青。猴头菇洗净后及时进行杀青处理。方法是：将鲜菇放在 100 ℃的 0.06%柠檬酸溶液或 5%食盐沸水中（菇和溶液比为 1∶4），预煮 3~5 分钟（从投菇后水沸起计时），以菇体中心熟透为准。预煮液可使用 3 次。

（4）冷却漂洗。杀青后迅速捞起，投入清水中冷却，漂洗时间不宜超过 1 小时。

（5）挑选分级。一级菇菇形圆整，组织紧密，菇体直径≥4 cm，菌刺长度≤1 cm。二级菇菇形完整，菇体直径≥3 cm，菌刺长度≤1.5 cm。猴头菇酱：等外菇，用磨浆机打碎作酱。

（6）罐盖嵌圈。将胶圈置沸水中煮几分钟，然后嵌在马口铁盖内。

（7）配制汤液。锅内加水 10 L，精盐 250 g，煮沸后加入柠檬酸 50 g，使 pH 值为 4 左右，再用 4~6 层纱布过滤。

（8）装罐注汤，按企业标准计量装罐，装罐前检查空罐是否干净，有无破裂。装好后及时注入 70 ℃左右的汤液，至离瓶口 5 mm 处，随即加上罐盖，但不盖紧，将罐放入排气蒸笼内加热排气。

（9）排气封罐。采用加热排气法，当罐头瓶的中心温度达 80 ℃、汤液涨至瓶口、空气已被基本排除时，及时将罐头放在封口机上封口。针孔抽气密封时压力为 46.67~53.33 kPa。封好的罐置于杀菌筐内保温准备杀菌。

（10）杀菌冷却。将装有罐头的杀菌车推入锅中杀菌，在 98 kPa 压力下保持 30 分钟，然后反压冷却。要求在 40 分钟内逐级冷却到罐内中心温度 40 ℃ 以下。冷却后，将罐盖罐身的水珠擦干，以免在存放时生锈。

（11）培养检验。将冷却到 35 ℃左右的罐头立即搬入保温培养室，在 35~37 ℃下培养 5~7 天，剔除变质漏气等不合格罐[2,3]。

（四）猴头菇的精深加工

1. 猴头菇冲剂

工艺流程：猴头菇（菌丝体或子实体）→煎煮提取 2 次→减压浓缩→熬糖调液→冷却→制粒→干燥→过筛→包装→成品。

操作要点:

(1)将猴头菇子实体洗净切块,以中药煎煮方式加适量水煎煮两次取液。

(2)合并两次煎煮液,稍加浓缩,静置沉淀24小时。

(3)吸取沉淀后的上清液,经减压浓缩,即为原液。

(4)在铝锅中加入适量的糖和水,加热熬煮,使糖液变稠,捞起呈丝状时即可。

(5)将原液加入糖液中,快速搅拌,然后将铝锅放入冷水池冷却。

(6)冷却后过筛制粒。

(7)将制出的颗粒用塑料袋或玻璃瓶分装。

质量标准:成品白色,颗粒状,冲泡性好,具有猴头菇清香,无异味,符合卫生要求[4]。

2. 猴头菇超细粉

超细粉碎是近10年来出现的物料加工新技术,目前已广泛应用于食品、保健食品、药品等行业。从目前超细粉碎的应用来看,其成品粉体粒度范围一般定义在平均粒径零点几微米到数微米之间(原料粒度为0.5~5 μm)。

超细粉碎能使细胞内容物直接暴露而提高了溶出度,使人体对营养及功能成分吸收速率、比例上实现飞跃性突破,同时能保持猴头菇有效物质的天然性。

工艺流程:干猴头菇→修剪除杂→干燥粉碎→深度干燥→超细粉碎→杀菌消毒→包装。

操作要点:选用冲击超细粉碎机,速度要求在120 m/s以上,产品平均细度可达5 μm以下,达到细胞破壁的目的。

产品特点:猴头菇超细粉开水即冲即熟,易消化吸收,生物利用率高。可将猴头菇与其他添加料一起粉碎,使营养更加丰富全面,也可将猴头菇超细粉用作保健补品的添加剂[2,3]。

3. 猴头胶囊、颗粒、片剂

(1)猴头浸膏

猴头浸膏是猴头胶囊、颗粒和片剂的中间产品，生产中通常是提取、浓缩、干燥制得猴头干浸膏后，再根据需要进一步制备成猴头胶囊、颗粒和片剂。

提取：猴头菇子实体粉碎成花生仁大小（也可用猴头菇菌丝体），称取猴头菇重量投入提取罐，加入 10~12 倍子实体重量的去离子水，加热煮沸，保持微沸 1.5 小时左右，煮沸时水面要求盖过猴头菇原料面，用 80 目网筛或白棉布过滤，提取滤液。将两次滤液合并后进行离心过滤，滤液供浓缩。

浓缩：采取真空浓缩，当真空度达到 0.07 MPa 时开始进料，进料至分离器下视镜 1/2 处，开始加温浓缩，温度控制在 60 ℃左右。浓缩至比例为 1∶1.35 左右，即为猴头菇流浸膏。流浸膏可进一步加工成猴头菇胶囊或颗粒。

干燥：将浸膏按重量均匀分置于烘盘中，在 60 ℃左右温度下减压烘干，当物料不再起泡和凝结水珠消失后，继续干燥 15 分钟，然后收膏。

(2)猴头颗粒、胶囊

称取一定量的 1∶1.35 比重的猴头菇流浸膏，加 2 倍重量的淀粉，在 60 ℃左右减压烘干。取干浸膏过 80 目筛孔进行磨粉，将干粉投入混合机混合，加适量乙醇，在颗粒机中制粒，然后烘干，整粒过筛，再装胶囊或装瓶，密封保存。

(3)猴头菇菌片

称取一定量 1∶1.35 的猴头菇流浸膏，加入 4~5 倍重量的淀粉，搅拌，在 60 ℃以下烘干，用压片机压片，素片外包糖衣即成[2,3]。

4. 猴头菇口服液

目前我国已形成商品并投放于市场的猴头菇口服液是太阳神猴头菇口服液,该产品采用猴头菇子实体干品为主要原料,配以茯苓、山楂、蜂蜜、乳酸锌以及鸡、蛇提取液等原料精制加工而成的,对胃肠不适症状有良好的调养保健功效,对胃炎、胃及十二指肠溃疡等症状有良好的辅助治疗效果。

工艺流程:猴头菇干品→剔选→切碎→浸泡→提取→过滤→浓缩→配制→过滤→罐封→杀菌→灯检→成品。

技术要点:

(1)原料剔选、粉碎

原料采用优质猴头菇子实体干品,要求干燥、新鲜、未霉变、无异味和杂质。然后用切碎设备把符合标准的猴头菇干品菇成碎粒,为1~2 cm。注意是不能把猴头菇干品粉碎成粉末,以免影响提取效果。

(2)浸提和过滤

根据成品的营养要求不同,浸提的步骤与方法各不一样。猴头菇口服液是以提取氨基酸、多糖为目的,一般浸提只需分两步进行即可。首先用10~15倍的水(重量比),浸泡2~3小时(温度在40~60 ℃),搅拌,然后升温至98~100 ℃,水浴1小时,冷却后用离心机进行浆渣分离。抽提液中含有大量的可溶性糖类、游离氨基酸等。第二步是在第一次分离的残渣中加入10~12倍水,并加入蛋白酶、纤维素酶等,用柠檬酸等调节pH值,并注意所用酶的适宜活性温度,进行最有效的酶解处理,时间一般是30~60分钟,再把温度升至98~100 ℃恒温1小时,对酶进行灭活处理,然后冷却再进行离心过滤。滤液中含有氨基酸、肽类、氨基葡萄糖和多糖等物质。将上述2次抽提液混合,再进行高速离心。

(3)浓缩

由于提取液中所含猴头菇营养物质浓度较低,所以要采用减压浓缩设备进行浓缩,使其浓度达到每 1 mL 液中含有猴头菇 1 g 左右。浓缩过程应采用比重计测定加以控制。

(4)配制和过滤

根据成品口感及营养的要求,可以在抽提液中加入蜂蜜等配方中规定的营养物质进行配制,以改变其风味,增进其营养。搅拌时温度控制在 85~95 ℃,配制结束应立即冷却至常温。由于通过热水浸提,会使成品在贮藏过程中产生絮状沉淀,严重影响商品的外观,所以在生产中常将配制液置于不锈钢盛料桶中,静置 12~24 小时,使其自然沉淀。然后取上清液进行板框压滤,用试管检查其澄明度,直至澄明度符合质量要求,即可用于灌装。如果成品质量对色泽有严格要求,还可进行脱色处理。

(5)封罐与杀菌

按照常规口服液制作方法装入瓶中进行封口。在罐封过程中,应注意检查装量差异及漏罐、封口质量等。罐封后在 105 ℃的条件下,蒸汽杀菌 30 分钟,而后用温水冲淋,冷却后进行感观及理化指标的检验。灯检主要是检出有杂质、漏罐及装量超标等不合格品。

质量标准:

1)感官指标

色泽呈琥珀色至浅棕色;具有猴头菇和蜂蜜的香味,无异味;带有蜂蜜甜味,甜度适中,具有猴头菇的鲜味感;澄清或均匀浊液,无杂质,允许有少量的聚集物,经振荡后能均匀分布。

2)理化指标

总蛋白质≥0.6%;酸度为 0.4%~0.6%;总糖为 26%~40%;重金属含量砷≤0.5 mg/kg,铅≤0.5 mg/kg。

3）微生物指标

菌落总数≤100个/mL；大肠菌群≤3个/100 mL；霉菌总数≤100个/mL；致病菌不得检出[2,3]。

5. 猴头菇多糖

（1）工艺流程

猴头菇→干燥→粉碎（过40目）→水浸提→离心（3000r/min）→滤渣→酶解→离心液→真空浓缩→醇沉→离心→粗多糖→烘烤→干品。

（2）操作要点

浸提：将猴头菇子实体在60 ℃干燥、粉碎、过40目筛后，加入10倍水加热至90 ℃浸提2小时，过滤，共浸提2次。

酶解：热水浸提后的滤渣加水，升温至100 ℃，灭酶，搅拌保温1小时，过滤。

浓缩：将3次滤液真空浓缩，温度保持在70 ℃，浓缩液相对密度达1.2。

醇沉：浓缩液加入95%酒精进行沉淀，离心过滤，酒精滤液回收。滤出的多糖进行真空干燥，即得色泽较深的粗多糖干品。粗多糖还可去杂、脱色、分离纯化[2]。

6. 猴头菇饼干

猴头菇饼干是以面粉、糖、油脂等为原料，加入一定量的猴头菇粉，经面粉的调制、压片、成形、烘烤等工艺制成的食品。具有口感酥松、食用方便、营养丰富、便于携带、风味独特等特点。

（1）配料

猴头菇粉5 kg，面粉95 kg，砂糖32~34 kg，油脂（植物油）4~16 kg，饴糖3~4 kg，奶粉（或鸡蛋）5 kg左右，碳酸氢钠0.5~0.6 kg，碳酸氢铵0.15~0.3 kg，浓缩卵磷脂1 kg，香料适量。

工艺流程:配料→调粉→静置→压片→冲印成形→烘烤→冷却→分拣→包装。

(2)操作要点

1)调粉。可按下列操作程序进行

卵磷脂　　碳酸氢钠　碳酸氢铵
↓　　　　↓　　　　↓
糖浆→油脂→饴糖→鸡蛋→水溶液→混合→筛入面粉→筛入奶粉
↓
调粉

2)静置。当调粉结束时,面团温度应在25~30 ℃。若面团黏性过大,胀润度不足,影响操作时,需静置10~15分钟。

3)压面或碾轧。将面团进行碾轧或压面,使面团变成平整的面片。

4)成形、烘形。将压平的面片采用冲印或辊切等法成形,放在烤盘中,在300 ℃温度下烘烤3~4分钟即可。

5)冷却、包装。饼干烤好后,取出自然冷却,当降至45 ℃以下时,可包装入库[2]。

7. 猴头蜜饯

将残次猴头菇及加工罐头的下脚料加工成蜜饯,具有一定的经济价值,可充分利用猴头菇,减少浪费。

(1)工艺流程

选料→漂洗→杀青→硬化→糖液冷浸→糖煮→烘烤→包装。

(2)操作要点

1)选料。要求八九分成熟的鲜猴头菇,切除根蒂,清除培养料。

2)漂洗。把选好的菇放入清水中漂洗干净,除去泥土、杂质。

3)杀青。将猴头菇洗净后投入夹层锅,在90~100 ℃的热水中漂烫3~5分钟，立即冷却，沥干水分。

4）糖液冷浸。将沥干水的猴头菇浸泡在40%的冷糖液中，时间为3~5小时。

5）糖煮。配制65%的糖液，煮沸，把用冷糖浸渍好的猴头菇倒入，大伙煮沸，再以文火熬制1~2小时，不断搅动，再加入1%的柠檬酸，继续熬煮至糖液含量达70%左右（用糖量计测定），外观呈金黄透亮时即可出锅。

6）烘干包装。将上述猴头菇摊放在瓷盘上放入烘箱，于50~60 ℃下烘5小时左右，要经常翻动，至蜜饯晶莹透亮，基本不黏手时，即可取出晾凉，用玻璃纸包好，再装入塑料袋[2]。

8. 猴头菇保健酒

猴头菇不仅是美味的佳肴，还是一种名贵药材。据报道，猴头菇子实体和菌丝体中含有多肽、多糖、脂肪类酰胺等物质，对癌细胞脱氧核糖核酸的合成有阻碍抑制作用，对消化道疾病疗效显著。这里介绍一种以猴头菇为原料，以糯米酒酿为酒基，配以当归、党参、黄芪、白术等名贵药材研制的一种综合性滋补保健酒。此酒具益气、补血、补脾、健胃、防癌、健身等功能，中老年人饮用尤为适宜。

（1）原料

猴头菇、当归、党参、黄芪、白术、糯米、甜酒曲等。

（2）工艺流程

糯米→ 蒸煮→ 糖化→ 酒酿→ 粗滤。

猴头菇→ 切碎→ 酒泡→ 调配→ 澄清→ 陈酿→ 过滤→包装→成品药材→ 切片→ 酒泡→ 粗滤。

（3）酿制

1）酒基制备

选用优质糯米，加水浸泡，待吸足水后稍沥干，用蒸汽蒸熟，冷却至 30 ℃ 以下时拌入适量甜酒曲粉，保温在 28 ℃左右时让其糖化发酵，经 36 小时左右发酵，当酒度达到 4°、糖浓度达到 1.1 kg/L 左右时，即可进行压榨、粗滤，即为酒基备用。

2）猴头菇提取液制备

选当年优质猴头菇切碎，放入 50° 白酒中浸渍 10~20 天，待有效成分浸出后，用多层纱布过滤，得金黄色猴头菇粗滤液备用。

3）药材提取液制备

选用原料中优质药材，去杂洗净后，先切成薄片，晒干、称量，然后加入 50° 白酒浸泡 10~20 天，待药材成分渗出后，用多层纱布过滤，即得药材浸出液备用。

4）调配

按配方取出一定量的猴头菇和药材浸渍液，加入过滤后的糯米酒酿液中，混合均匀，然后测定混合液的酒度和糖度，如偏高或偏低，可用蜂蜜调整糖度，用活性炭处理过的再蒸酒精调整酒度。

5）澄清、陈酿

在上述调配好的混合液中加入 1%~1.5%的蛋清。方法是，先将鸡蛋两端各打一个小洞让蛋清流出，搅拌 3~5 分钟使其均匀，然后静置澄清，于室温下陈酿 3~5 个月。

6）过滤、分装

将上清液用滤棉或滤布过滤，然后装瓶，经检验合格即可出厂销售或贮存。

（4）质量指标

产品色泽橘黄，透明清澈，无沉淀，具猴头菇和药材的清香，酒味醇正，酒度 28%，糖分 8~10 g/100 mL，总酸（以琥珀酸计）0.2~0.3 g/100 mL，氨基酸含量丰富（氨基酸含量约为普通饮用酒的 3 倍）。

以上保健酒也可将原料中的糯米酒基改为蔗糖溶液，方法是先在无菌水中加入适量结晶糖，间接加热溶化后使其迅速冷却，当温度降至 35~40 ℃ 时再加入适量柠檬酸即成，用此法配制为保健酒，其滋补、保健效果同样不错[4]。

（五）猴头菇的精深加工趋势产品

1. 猴头菇汤料

可采用猴头菇粉、香菇粉、茶树菇粉等多种菇类复配技术，并结合酵母提取物等其他调味品精心调制而成，丰富了产品的内涵，使之味道更加鲜美醇厚，营养更加丰富。并且由于采用超微粉碎技术，使菇粉末可溶解于水中，消费者只需将粉末用水冲泡，即可制得饮用菇饮品，非常符合现代人对食品方便性的需求。由于高的脱水率，保存方便，保质期长，无须防腐剂，常温下即可有极长的保质期。如果包装良好，保质期可超过 5 年。产品重量轻，贮存不需要冷链，贮藏、运输方便，经常性费用低。

2. 素肉

素肉采用猴头菇制作，保留了其中大量的可食性纤维、营养素及活性多糖。虽然口感柔韧，却不粗糙难嚼；风味类似肉干，素肉的健康营养作用更具独特优势。素肉即可用于休闲旅游时随身携带的方便佐餐食品，也可用于业余时间的即食小食品，还可用于减肥辅助食品。因此，素肉是一款老少皆宜的休闲食品，其本身的一系列亮点，能够吸引各个阶层及不同年龄段和不同性别的消费者。对于生产者而言，素肉远较肉干成品低，原料较为丰富，是一种极具加工潜力的产品。而对于消费者则是物美价廉、物有所值的休闲小食品，相信素肉具有强势的市场竞争力。

3. 菌菇脆片

脆、酥、鲜、香；回味悠长。菌菇脆片是采用当今先进的生产技术，将优质菌菇进行前期整理、清洗、切片，利用低温真空油炸设备进行真空低温油炸并在真空状态下进行脱油，然后进行调味品的调配，使产品更具特色，适应消费者的需求，最后经过严格检验包装而成的休闲保健食品。它不仅保留了菌菇的天然风味和营养成分，具天然色泽，而且低糖、低盐、低脂肪、低热量、高营养。产品松脆可口，风味宜人。

4. 菌多糖膳食纤维胶囊

本产品以猴头菇优质膳食纤维为原料，配以超双歧因子，采用超微粉碎技术，使猴头菇多糖更易被人体吸收。该产品能有效改善人体消化道环境，调节微生态平衡，提高免疫力和肠胃功能，临床研究表明对慢性腹泻和胃肠道有很好的疗效[1]。

（六）猴头菇保鲜与加工关键点控制

1. 场所的环境卫生和构筑要求

（1）环境条件

猴头菇保鲜、加工厂应选择在没有污染和没有潜在污染的地方。根据《GB3095-2012 环境空气质量标准》中规定的三级标准要求，工厂必须远离工业区，避开有“三废”排放的企业、垃圾场、畜牧场、化粪池、居民区、常规农田等，保证厂址周边生态和环境条件良好。加工、保鲜厂周围地区禁止用气雾杀虫剂、有机磷、有机氯或氨基甲酸酯等杀虫剂。同时保鲜、加工厂本身也不对周围环境构成污染，如加工剩余物，冲洗、烫煮的废水等要及时清理，妥善处理。需要用水的厂，水源充足、水质良好，达到《GB5749-2006 生活饮用水卫生标准》。厂址还应地势高燥、开阔，阳光充足，有电源，交通相对方便又没有尘土飞扬的地方。

(2)厂房布局

保鲜厂和烘烤厂的原料整修、晾晒与保鲜、烘烤场所应合理分开,互不影响。晾晒的场所应是水泥地面,无尘土飞扬,食用菌不直接接触地面,由卫生的盛具盛装晾晒。腌制加工厂的腌制池应符合食品卫生腌制要求。

(3)建筑设计

保鲜加工厂房建筑和设计应符合《中华人民共和国食品卫生法》《工业企业设计卫生标准》《消防法》等的有关规定,按食品加工的工艺要求进行设计建造。厂内各工序有机区分,互不影响,又有卫生安全通道相互连贯,厂房结构墙柱面应光滑,无吸附性,可冲洗;分拣车间光线500lx以上,一般操作场所100lx以上;有纱门纱窗,通风排气良好,通风排气口保持清洁,不得有灰尘和油泥堆积;排水系统畅通,防止固体物流入阻塞、污染;有规范的洗手、更衣处,并提供必备设施和用品,以保证人员进入车间无菌卫生状态,这对产品的无公害、安全卫生极为重要。

厂房的室内外要卫生整洁,除硬件构筑外,在灭蚊、鼠、蟑螂和其他有害昆虫及其滋生环境多采用物理、机械和生物法,少用药剂防治。

2. 设备选型与使用

猴头菇保鲜、加工设备应选择低能耗、高效率、无污染的设备,设备各组成部分要相互配套。设备制造的材料应符合卫生、无污染的安全要求。设备使用按规定程序进行,设备用具、工具定期检修,使用前后必须擦洗干净,冲洗水源符合饮用水标准。每天保持设备场所的干净清洁。与加工有关的物资堆放整齐,一次性用具使用完时及时清理出车间,保持车间内、设备周围清洁、安全。

3. 操作人员的健康和素质培训

在保鲜和加工过程中最关键的还是操作人员。在具备无公害硬件措施的情况下,是否能加工出无公害的产品,人员是决定因素。

(1)人员培训。凡从事猴头菇产品加工的人员,在上岗之前必须经过正规的培训。培训内容包括无公害食品的概念,无公害加工的意义,食品加工卫生标准,掌握操作技能、设备使用、维修技能等。

(2)人员体检。凡从事猴头菇产品加工的人员,必须按食品生产加工经营人员的身体健康标准进行法定体检和定期复查,只有符合食品生产经营的健康人员才能上岗。有传染病、皮肤病和其他规定不适合上岗疾病的人员都不准上岗。

(3)个人卫生。参加猴头菇产品加工的人员应养成食品行业的个人卫生习惯,除上岗前应养成做好衣帽、手等个人卫生的习惯外,平时应养成勤剪指甲、勤洗澡、勤理发、勤换洗衣服的个人卫生习惯;进入工作岗位,养成保持手、工作服干净、不随地吐痰等好习惯。这些与保证产品无污染关系极大。

4. 猴头菇产品的包装

产品包装是加工中必备的环节,它可以延长保质和减少损失、方便销售,同时具有广告效应。包装环节的卫生无菌操作和无公害包装材料的选用至关重要。

(1)包装环境。食用菌产品的包装车间应符合《GB7096-2014 食品安全国家标准食用菌及其制品》和《GB/T14881-2013 食品企业通用卫生规范》。对于直接入口食用的食用菌产品包装环境要符合熟食食品包装的卫生环境要求。

(2)包装材料的选用。无公害食用菌产品包装材料,必须使用无毒安全的食品级包装材料。目前包装材料主要有聚乙烯袋、纸、纸塑托盘、包装盒、内衬塑料膜、塑料袋及捆扎材料等。纸质包装材料必须达到《GB11680 食品包装用原纸卫生标准》所规定的质量要求,包装塑料袋、塑料膜必须达到《食品包装用聚丙烯树脂卫生标准》《GB9696 品包装用聚乙烯树脂卫生标准》《GB9683 复合食品包装袋卫生标准》《GB9687 食品包装聚乙烯成型品卫生标准》等。包装纸箱必须符合 GB/T4892 硬质直方体运输包装尺寸系列。包装物外表标签必须符合《GB7718 食品标签通用标准》规定的内容。

5. 猴头菇产品的贮存

猴头菇产品贮存环境条件的控制是保持猴头菇产品无公害、不变质的重要保障。保存产品的仓库总的要求是清洁干燥、防潮、避光、通风,周围环境卫生干净,无污染源。但各种不同的产品也有各自的特定贮存条件,如气温高时,干品常温贮存期不宜超过 3 个月,若要长时间贮存则应进入 4 ℃冷库;保鲜菇贮存环境应在 4 ℃左右环境,低于 0 ℃和高于 10 ℃均为不适宜环境,保质期将会大为缩短。

猴头菇产品的贮存地应是专用的,不能与化学合成物接触,严禁与有毒、有害、异味、易污染的物品接触和共同贮存,严禁使用化学合成杀虫剂、防鼠剂和防霉剂,贮存全过程要严格遵守《中华人民共和国食品卫生法》中有关食品贮藏的规定。

6. 猴头菇产品的运输

为了保证加工后的猴头菇产品不在运输过程中受到二次污染,对运输工具、运输条件、运输包装有着特殊的要求。

(1)运输工具。产品运输工具必须安全、卫生,专车运输同类型产品,不同运输条件的产品不可混装,严禁与有毒、有害、有异味、易污染的物品混装。冷库贮存的产品必须用相应条件的冷藏车运输。干鲜菇产品不可混装。

(2)运输包装。装载产品的运输车外表必须牢固、整洁。包装运输的图示标志必须符合《包装贮运图示标志》中的规定。

参考文献

[1] 袁学军. 食用菌栽培加工学[M]. 北京:中国农业出版社，2018:60-65

[2] 黄良水. 猴头菇生产加工与烹饪[M]. 北京:中国农业出版社，2017:107-118.

[3] 秦俊哲，吕嘉枥. 食用菌贮藏保鲜与加工新技术[M]. 北京:化学工业出版社，2003:69-71.

[4] 李利，陈莎. 菇菌产品加工技术[M]. 北京:化学工业出版社，2015:282.

[5] 王世东. 无公害农产品高效生产技术丛书——食用菌[M]. 北京:中国农业大学出版社，2005:366-369.

附　天津市地方标准——猴头菇工厂化栽培技术规范（DB12/T 520-2014）

猴头菇工厂化栽培技术规范

1. 范围

本标准规定了工厂化生产猴头菇的场地环境、厂房要求、菌种制作、栽培管理和子实体采收。

本标准适应于猴头菇的工厂化生产。

2. 规范性引用文件

下列文件对于本文件的应用是必不可少的。凡是注日期的引用文件，仅所注日期的版本适用于本文件。凡是不注日期的引用文件，其最新版本（包括所有的修改单）适用于本文件。

《GB 5749 生活饮用水卫生标准》

《NY 5099 无公害食品 食用菌栽培基质安全技术要求》

《NY 5358 无公害食品 食用菌产地环境条件》

《NY/T 528 食用菌菌种生产技术规程》

《NY/T 2375 食用菌生产技术规范》

3. 场地环境

应符合 NY5358 规定。

4. 厂房要求

4.1 厂区布局

采用封闭式厂房，厂房要求密闭性好，保温防潮。根据栽培工艺，结合当地环境和条件合理规划生产厂区，分为原料堆场、仓库、拌料区、装瓶（袋）区、灭菌区、冷却区、接种区、培养区、出菇区和包装区等。各区域面积的大小、比例、布局需结合实际情况和生产需要合理设计。

4.1.1 接种区

接种区应防尘性好，内壁和屋顶光滑、无死角、易于清理，并保持充分洁净，达到无菌要求规定。接种区应配备缓冲区，避免因冷却而形成负压。接种区应安装紫外灯、臭氧发生器、高效空气过滤净化设备、风淋、层流罩等净化装置，定期进行消毒、杀菌。

4.1.2 培养区

培养区应恒温、恒湿、避光、有空气交换功能，具备防虫、防鼠措施。培养区和出菇区面积的大小、数量应结合日生产量合理规划。培养区内摆放多层床架，架子的大小、架数、层距等的设计应依据培养区空间大小、放置密度、方便作业等进行合理设计。床架多采用竹木结构或角钢制作，架上摆放栽培瓶（袋）。

4.1.3 出菇区

出菇区应具备控温、加湿、换气、照明设施，墙体建设具备防潮功能。出菇区内摆放出菇床架，床架立式出菇，架之间留走道，方便作业，合理设计床架的大小、层数。

4.2　厂区洁净度要求

4.2.1　原料堆场、仓库和拌料区

污染区,生产作业时应增加防尘喷淋设施,远离无菌区。

4.2.2　装瓶(袋)区和灭菌区

空气洁净度千万级。

4.2.3　培养区、出菇区和包装区

空气洁净度百万级。

4.2.4　冷却区和接种区

无菌区,空气洁净度1万级,接种操作区达到100级。

4.3　主要生产设备

应配备拌料机、装瓶(袋)机、灭菌柜(锅)、紫外线杀菌设备、臭氧发生器、空气过滤净化设备、控温设备,加湿、喷雾设备,照明装置和通风换气设备,灭菌柜(锅)应符合国家强制性要求。

5. 菌种制作

5.1　菌种

菌种菌龄适宜、遗传稳定性良好、抗杂抗污能力强。菌种需在4~5 ℃洁净恒温库或冰箱低温保藏。

5.2　培养料配制

培养料配方参考见附录A。棉籽壳、麸皮、玉米粉等要求新鲜、无虫蛀、无霉烂、无农药污染。培养料含水量控制在60%左右,灭菌前pH值应控制在5.0~7.0。使用的原料需符合NY 5099,用水需符合GB 5749。

5.3 装瓶(袋)

采用机械装瓶(袋),根据机器的要求选择相配套的装料容器。一般料袋规格为幅宽 14~18 cm、长 24~55 cm、厚 0.004~0.005 cm;栽培瓶规格为 850~1400 mL,口径为 6~8 cm。

5.4 灭菌

采用常压灭菌时,料袋达到 100 ℃后维持 10~12 小时;高压灭菌时,压力维持在 0.15~0.17 MPa,恒压维持 4 小时。

5.5 冷却

栽培瓶(袋)从灭菌柜(锅)移入冷却区的过程,应采用清洁的搬运方法,短距离运输。冷却区应提前做好清洁消毒,降低冷热空气交换过程中带来的污染。

5.6 接种

栽培料温度冷却至 28 ℃以下时,移入接种区进行接种,接种操作应严格按照无菌操作要求进行,接种结束后应进行清洁。

5.7 培养

培养区光线控制在 50lx 以下,空气相对湿度保持在 50%~60%,温度为 24~26 ℃,二氧化碳浓度不超过 0.1%。培养期间定期检查,发现污染及时处理,培养期一般为 25~40 天。

6. 栽培管理

出菇区应预先消毒处理,采用床架立式出菇,栽培袋剪口开袋,瓶栽则揭开瓶盖,清除表面老化菌丝,开启加湿设备,空间喷雾增湿,空气相对湿度在 80%~90%,温度控制在 16~22 ℃,二氧化碳浓度不超过 0.1%,以 0.03%为宜,光照强度 200~300 lx。出菇期间不要经常移动菌棒,一般10天左右会长出幼蕾。

7. 子实体采收

7.1　采收标准

子实体从现蕾到成熟采收需10~15天,当子实体大小基本长足、坚实、菌刺长度在0.5~1.0 cm、未弹射孢子前采收。

7.2　采收方法

采收时用手捏住基部轻轻扭转,将菇体带柄一同摘下,去掉基部培养料,采下来的菇,按规格大小分类包装。

7.3　采后管理

采收完一潮菇,瓶(袋)口料面清理干净,停止喷雾增湿,菌丝恢复生长3~5天后,再加湿喷雾、催蕾出菇。

附录A

(资料性附录)

猴头菇栽培料配方

配方1	木屑78%、麸皮20%、蔗糖1%、石膏1%
配方2	棉籽皮42%、木屑41%、麸皮15%、蔗糖1%、石膏1%
配方3	木屑30%、棉籽皮27%、玉米芯27%、麸皮15%、石膏1%
配方4	棉籽皮89%、麸皮10%、石膏1%

猴头菇鲜品

袋栽猴头菇

工厂化栽培猴头菇

猴头菇原种培养

无菌车间接种

工厂化生产车间

采摘猴头菇

猴头菇分级